Wissenschaftliche Taschenbücher WTB

Mathematik · Physik

W. S. Letochow

Laser-spektroskopie

Akademie-Verlag · Berlin

WTB Wissenschaftliche Taschenbücher

Reihe BIOLOGIE

HANS BERGNER
Tierernährung

HELMUT FRIEMEL / JOSEF BROCK
Grundlagen der Immunologie

HELLMUTH GÄBLER
Forstschutz

HEINZ GEILER
Ökologie der Land- und Süßwassertiere

PAUL HOFFMANN
Photosynthese

EBERHARD HOFMANN
Eiweiße und Nucleinsäuren als biologische Makromoleküle
Dynamische Biochemie, Teil I

EBERHARD HOFMANN
Enzyme und energiebereitstellende Reaktionen des Stoffwechsels
Dynamische Biochemie, Teil II

EBERHARD HOFMANN
Der Stoffwechsel lebendiger Systeme und seine Regulation
Dynamische Biochemie, Teil III

EBERHARD HOFMANN
Biochemie der Vererbung, Differenzierung und anderer Zellfunktionen
Dynamische Biochemie, Teil IV

FRIEDRICH JACOB
Bewegungsphysiologie der Pflanzen

GERHARD LERCH
Pflanzenökologie

JOACHIM NITSCHMANN
Entwicklung bei Mensch und Tier

HANS-WERNER NOLTE
Pflanzenschutz in der Landwirtschaft

KLAUS ODENING
Parasitismus

ALFRED PALISSA
Bodenzoologie in Wissenschaft, Naturhaushalt und Wirtschaft

MARTIN SCHMIDT
Pflanzenschutz im Gartenbau

ULRICH SEDLAG
Biologische Schädlingsbekämpfung

DIETER SPAAR
HELMUT KLEINHEMPEL
HANS JOACHIM MÜLLER
KLAUS NAUMANN
Bakteriosen der Kulturpflanzen

LUDWIG SPANNHOF
Zellen und Gewebe der Tiere

GÜNTER TEMBROCK
Grundlagen des Tierverhaltens

GÜNTER TEMBROCK
Biokommunikation
Informationsübertragung im biologischen Bereich
Teil I und II

EBERHARD TEUSCHER
Pharmakognosie
Teil I und II

REGINE WITKOWSKI
FALKO H. HERRMANN
Einführung in die klinische Genetik

GERALD WOLF
Neurobiologie

Reihe CHEMIE

HANS-MARTIN BARCHET
Chemie photographischer Prozesse

ULRICH BEHRENS
MANFRED RINGPFEIL
Mikrobielle Polysaccharide

ROLF BORSDORF
MANFRED SCHOLZ
Spektroskopische Methoden in der organischen Chemie

HANS DAWCZYNSKI
Temperaturbeständige Faserstoffe aus organischen Polymeren

HANS DAWCZYNSKI
Temperaturbeständige Faserstoffe aus anorganischen Polymeren

WERNER DÖPKE
Stereochemie organischer Verbindungen

MARTIN FINKE / WALTER LEIPNITZ
Moderne Methoden der Erdölanalyse

ERICH GUNDERMANN
Chemie und Technologie des Braunkohlenteers

WERNER HABERDITZL
Magnetochemie

SIEGFRIED HAUPTMANN
Über den Ablauf organisch-chemischer Reaktionen

HELMUT HRAPIA
Einführung in die Chromatographie

HORST KEHLEN / FRANK KUSCHEL
HORST SACKMANN
Grundlagen der chemischen Kinetik

GERHARD KEMPTER
Struktur und Synthese von Vitaminen

PETER KRUMBIEGEL
Isotopieeffekte

KLAUS KÜHNE
Werkstoff Glas

HANS LUPPA
Grundlagen der Histochemie Teil I und II

DIETER MERKEL
Riechstoffe

DIETER ONKEN
Steroide

BURKART PHILIPP
GERHARD REINISCH
Grundlagen der makromolekularen Chemie

JOACHIM RIEMER
Quantitative organische Mikroanalyse

ROLF SCHÖLLNER
Die Oxydation organischer Verbindungen mit Sauerstoff

WOLFGANG WAGNER
Chemische Thermodynamik

GÜNTHER WAGNER
HANS KÜHMSTEDT
Pharmazeutische Chemie

ADOLF ZSCHUNKE
Kernmagnetische Resonanzspektroskopie in der organischen Chemie

Reihe MATHEMATIK / PHYSIK

HANS BANDEMER
ANDREAS BELLMANN
WOLFHART JUNG / KLAUS RICHTER
Optimale Versuchsplanung

FRANK BEICHELT
Prophylaktische Erneuerung von Systemen

DIETRICH BENDER
ERNST-EGON PIPPIG
Einheiten, Maßsysteme, SI

WOLFRAM BRAUER
HANS-WALDEMAR STREITWOLF
Theoretische Grundlagen der Halbleiterphysik

SIEGFRIED BREHMER
Einführung in die Maßtheorie

FERDINAND CAP
Einführung in die Plasmaphysik
I. Theoretische Grundlagen
II. Wellen und Instabilitäten
III. Magnetohydrodynamik

JOHN CUNNINGHAM
Vektoren

GEORG DAUTCOURT
Relativistische Astrophysik

K. CH. DELOKAROV
Relativitätstheorie und Materialismus

WERNER DÜCK
Diskrete Optimierung

ALBERT EINSTEIN
Grundzüge der Relativitätstheorie

ALBERT EINSTEIN
Über die spezielle und die allgemeine Relativitätstheorie

HANNELORE FISCHER
JOACHIM PIEHLER
Modellsysteme der Operationsforschung

ALFRED FRIESER
Mikrowellenmeßtechnik

W. L. GINSBURG
Über Physik und Astrophysik

HERBERT GOERING
Elementare Methoden zur Lösung von Differentialgleichungsproblemen

HERBERT GOERING
Asymptotische Methoden zur Lösung von Differentialgleichungen

MICHAEL GÖSSEL
Angewandte Automatentheorie
Band I und II

MICHAEL GÖSSEL
Wahrscheinlichkeitsautomaten und Zufallsfolgen

E. G. GOLSTEIN
Konvexe Optimierung

HELMUT HESS
Der elektrische Durchschlag in Gasen

WILHELM KÄMMERER
Kybernetik — eine Einführung auf naturwissenschaftlicher Grundlage

V. I. KARPMAN
Nichtlineare Wellen in dispersiven Medien

ULRICH KAUSMANN
KLAUS LOMMATZSCH
FRANTIŠEK NOŽIČKA
Lineare parametrische Optimierung

VOLKER KEMPE
Theorie stochastischer Systeme

VOLKER KEMPE
Analyse stochastischer Systeme
Teil I

A. R. KESSEL
Akustische Kernresonanz

HEINRICH KINDLER
Der Regelkreis

DIETER KLAUA
Elementare Axiome der Mengenlehre
Einführung in die Allgemeine Mengenlehre I

Dieter Klaua
Grundbegriffe der axiomatischen Mengenlehre
Teil 1 und 2
Einführung in die Allgemeine Mengenlehre II

Dieter Klaua
Kardinal- und Ordinalzahlen
Teil 1 und 2
Einführung in die Allgemeine Mengenlehre III

Dieter König / Dietrich Stoyan
Methoden der Bedienungstheorie

Konrad Kreher
Festkörperphysik

Dieter Kress
Theoretische Grundlagen der Signal- und Informationsübertragung

Jean Kuntzmann
Unendliche Reihen

Jean Kuntzmann
Systeme von Differentialgleichungen

Jean Kuntzmann
Komplexe Veränderliche

Dierck-Ekkehard Liebscher
Relativitätstheorie mit Zirkel und Lineal

Wolfgang Meiling
Kernphysikalische Elektronik

Peter Paufler / Dieter Leuschner
Kristallographische Grundbegriffe der Festkörperphysik

Harry Paul
Lasertheorie
Teil I und II

Harry Paul
Nichtlineare Optik
Teil I und II

Wolfgang Pauli
Vierpoltheorie und ihre Anwendung auf elektronische Schaltungen

Harry Pfeifer
Theorie linearer Bauelemente
Elektronik für den Physiker I

Harry Pfeifer
Die Elektronenröhre
Elektronik für den Physiker II

Harry Pfeifer
Schaltungen mit Elektronenröhren
Elektronik für den Physiker III

Harry Pfeifer
Leitungen und Antennen
Elektronik für den Physiker IV

Harry Pfeifer
Mikrowellenelektronik
Elektronik für den Physiker V

Harry Pfeifer
Halbleiterelektronik
Elektronik für den Physiker VI

Harry Pfeifer / W. Heink
Schaltungen mit Transistoren
Elektronik für den Physiker VII

Ulrich Röseberg
Determinismus und Physik

J. A. Rosanow
Wahrscheinlichkeitstheorie

E. M. Sawizki
Perspektiven der Metallforschung

Wolfgang Schäfer
Theoretische Grundlagen der Stabilität technischer Systeme

Ernst Schmutzer
Symmetrien und Erhaltungssätze der Physik

I. S. Sheludew
Elektrische Kristalle

N. D. Shewandrow
Die Polarisation des Lichtes

L. A. Skornjakow
Elemente der Verbandstheorie

A. A. Smirnow
Metallphysik

A. S. Sonin / N. A. Strukow
Einführung in die Ferroelektrizität

Hans-Jürgen Treder
Elementare Kosmologie

J. F. Vinson
Optische Kohärenz in der klassischen Theorie und in der Quantentheorie

TEXTE UND STUDIEN

D. M. Brink
Kernkräfte

Stephen G. Brush
Kinetische Theorie
Teil I und II

Festkörperphysik
Entwicklungstendenzen und Anwendungsmöglichkeiten

D. ter Haar
Quantentheorie

W. R. Hindmarsh
Atomspektren

J. H. Sanders
Die Lichtgeschwindigkeit

Die Schöpfer der physikalischen Optik
Eine Artikelsammlung

Gustav E. R. Schulze
Beiträge zur Entwicklung der Metallphysik

R. A. R. Tricker
Die Beiträge von Faraday und Maxwell zur Elektrodynamik

R. A. R. Tricker
Frühe Elektrodynamik

Vorschau auf die nächsten Bände:

Joachim Auth / Dietmar Genzow
Klaus H. Herrmann
Photoelektrische Erscheinungen

Gerhard Geiseler / Heinz Seidel
Die Wasserstoffbrückenbindung

Volkmar Schuricht
Kernexplosionen für friedliche Zwecke

Michael Theile
Siegfried Scherneck
Zellgenetik

Gerhard Wunsch
Zellulare Systeme

WTB

BAND 165

W. S. Letochow

Laserspektroskopie

Mit 63 Abbildungen und 10 Tabellen

AKADEMIE-VERLAG · BERLIN

Reihe MATHEMATIK UND PHYSIK

Verfasser:
Prof. Dr. W. S. Letochow
Institut für Spektroskopie der Akademie
der Wissenschaften der UdSSR, Moskau,
142092, Podelski Rayon Akademgorodok

Übersetzung aus dem Russischen:
Dr. E. Klose

Bearbeitung:
Dr. E. Klose
Zentralinstitut für Optik und Spektroskopie
der Akademie der Wissenschaften der DDR, Berlin

Prof. Dr. M. Schubert
Sektion Physik der Friedrich-Schiller-Universität Jena

Erste Veröffentlichung in deutscher Sprache,
in Zusammenarbeit mit dem Autor

1977
Erschienen im Akademie-Verlag, 108 Berlin, Leipziger Straße 3—4

Lizenznummer: 202 · 100/442/77
Herstellung: VEB Druckhaus „Maxim Gorki“, 74 Altenburg
Bestellnummer: 762 395 0 (7165) · LSV 1164
Printed in GDR
DDR 12,50 M

Vorwort

Das vorliegende Buch beruht im wesentlichen auf den Materialien meiner Vorlesungen, die ich während der Frühjahrsschule des Fachverbandes Optik der Physikalischen Gesellschaft der DDR (April 1974, Friedrichsbrunn/Harz, DDR) und in der Jenaer Universität im Februar 1975 auf Einladung von Professor M. Schubert von der Friedrich-Schiller-Universität Jena und von Professor K.-H. Müller aus dem VEB Carl Zeiss Jena gehalten habe. Ich möchte diese Gelegenheit nutzen, diesen Herren meinen Dank für die erwiesene Gastfreundschaft in Friedrichsbrunn und in Jena zum Ausdruck zu bringen.

In meinem Buch habe ich versucht, neben den bereits gesicherten Ergebnissen auch die Entwicklungstendenzen und die möglichen neuartigen Anwendungen der Laserspektroskopie zu behandeln. Diese perspektivischen Angaben haben sich in der Folgezeit überall dort bestätigt, wo auf Teilgebieten der Laserspektroskopie neue Entwicklungsrichtungen sichtbar geworden sind. Dies bezieht sich insbesondere auf die als abstimmbare Strahlungsquellen zu verwendenden Excimeren-Laser, auf kohärente Strahlungsquellen mit Wellenlängen um 100 nm und darunter mittels nichtlinearer Frequenzwandlung und auf den Nachweis sehr kleiner Atomkonzentrationen.

Es hat mich besonders gefreut, daß die mühevolle Arbeit der Redaktion der Übersetzung liebenswürdiger Weise von den erfahrenen Wissenschaftlern Prof. Dr. Max Schubert von der Sektion Physik der Friedrich-Schiller-Universität Jena und Dr. Edgar Klose vom Zentralinstitut für Optik und Spektroskopie der Akademie der Wissenschaften der DDR übernommen wurde.

Durch sie wurden viele wertvolle Zusätze, Verbesserungen und Korrekturen in den Text eingebracht, wofür ich ihnen meinen aufrichtigen Dank sagen möchte.

Allen Lesern dieses Buches werde ich für ihre Bemerkungen dankbar sein.

Ich hoffe, daß dieses kleine Buch ein nützlicher Beitrag zur wissenschaftlichen Zusammenarbeit und zur Freundschaft zwischen der UdSSR und der DDR sein wird.

Dr. W. S. LETOCHOW

Inhaltsverzeichnis

1. Einleitung. Allgemeine Problemstellung

Mit der Herstellung des Lasers, einer Quelle kohärenter optischer Strahlung, die für eine breite Ausnutzung bei wissenschaftlichen Untersuchungen wie auch in der Technik geeignet ist, eröffnete sich ein ungewöhnlich großer Bereich von Anwendungsmöglichkeiten des Lichtes. Die Entwicklung vieler Zweige in Wissenschaft und Technik vollzieht sich zur Zeit auf dem Gebiete der Realisierung der potentiellen Möglichkeiten des kohärenten Lichtes. Dabei macht die optische Spektroskopie naturgemäß keine Ausnahme. Als „Laserspektroskopie“ hat sich ein neues Forschungsgebiet eingebürgert, welches auf der Grenze zwischen Quantenelektronik und optischer Spektroskopie liegt. Die Aktualität dieses Gebietes ist auch dadurch gekennzeichnet, daß turnusmäßige internationale Konferenzen stattfinden, auf denen die Probleme der Laserspektroskopie erörtert werden. Neben den entsprechenden Tagungsberichten [1, 2, 3, 240] ist auf einige ausgewählte Darstellungen dieses Sachgebietes hinzuweisen [4, 239, 241, 242, 243].

Der Anstoß für eine ernsthafte Anwendung der Laser in der Spektroskopie ergab sich nach der Herstellung hinreichend leistungsfähiger Laser, die im Impulsbetrieb oder im kontinuierlichen Betrieb auf verschiedenen festen Frequenzen des sichtbaren Spektralbereiches arbeiteten. Sie werden mit großem Erfolg zur Anregung von Raman-Spektren verschiedener Stoffe eingesetzt. Die nächste und wohl auch die entscheidende Etappe für die Laserspektroskopie ist verbunden mit der Entwicklung von Lasern mit abstimmbarer Frequenz. Die Anwendung dieser frequenzabstimmbaren Laser übt einen außerordentlich starken Einfluß auf die optische Spektroskopie aus, indem sich durch sie ihre Methoden und Möglichkeiten radikal ändern. Die sich in der optischen Spektroskopie auf Grund der Anwendung der Laser mit durchstimmbarer Frequenz vollziehende Revolution kann man vergleichen mit dem Einfluß der Erfindung des Klystrons auf die Hochfrequenzspektroskopie.

Die Laserspektroskopie gestattet es, eine Reihe prinzipiell wichtiger Probleme, denen die klassische Spektroskopie machtlos gegenüber stand, zu lösen oder zumindest die Lösung in Angriff zu nehmen. Zu diesen Problemen gehören folgende:

1. Es kann ein Auflösungsvermögen erreicht werden, welches nicht durch die Apparatefunktion des Spektralgerätes gegeben ist, sondern durch die Verbreiterung der Spektrallinien der Stoffe. Besonders wichtig ist das für die Spektroskopie von Gasen im infraroten Spektralbereich, wo nur mit unikalen Geräten Auflösungen der Größenordnung 0,01 cm^{-1} erreicht werden und die Auflösung der besten industriell gefertigten Geräte etwa 0,1 cm^{-1} beträgt, was die DOPPLER-Verbreiterung der Spektrallinien um den Faktor 10^2 übersteigt.

2. Die Aufhebung der Wirkung der DOPPLER-Verbreiterung in der Spektroskopie von Atomen und Molekülen in der Gasphase. Hochkohärentes Laserlicht bildet die Grundlage für diejenigen Methoden der nichtlinearen Spektroskopie, die es gestatten, die Struktur der Spektrallinien zu untersuchen, welche gewöhnlich durch die auf Grund der Wärmebewegung der Teilchen vorhandene DOPPLER-Verbreiterung verdeckt ist [4, 5]. Experimentell wurde ein Auflösungsvermögen von etwa 10^{10} erreicht, und es wurden Methoden vorgeschlagen, mit denen Auflösungen bis zur natürlichen Linienbreite von Molekülübergängen erreicht werden.

3. Das Erreichen der Empfindlichkeitsgrenze bei der Spektralanalyse von Atomen und Molekülen. Mit Hilfe der Laserstrahlung kann man zur Zeit etwa 10^2 Atome/cm^3 (die Fluoreszenz von Natriumdampf, der mit einem

abstimmbaren Laser im sichtbaren Spektralbereich angeregt wird [6]) oder 10^{10} Moleküle/cm^3 (Nachweis der Absorption des Lichtes eines Infrarotlasers mit abstimmbarer Frequenz [7, 8]) nachweisen. Es sind Methoden vorgeschlagen worden, mit denen man einzelne Atome und Moleküle nachweisen [9] sowie Empfindlichkeiten erreichen kann, die denen der besten Massenspektrometer entsprechen. Die Methoden der Laserspektroskopie gestatten jedoch im Unterschied zu den Methoden der Massenspektroskopie nicht nur die Bestimmung der Teilchensorte, sondern auch die Bestimmung des Quantenzustandes der Teilchen (Elektronen-, Schwingungs- und Rotationszustand) [10].

4. Die Untersuchung der Spektren und der Relaxation aus dem angeregten Zustand der Atome und Moleküle, das heißt eine kinetische Spektroskopie des angeregten Zustandes. Mit der Laserstrahlung kann man einen beträchtlichen Teil der Atome oder Moleküle selektiv in einen Quantenzustand — der nahezu beliebig wählbar ist — anregen und den Weg ihrer Relaxation in den Grundzustand verfolgen [11] oder Quantenübergänge zwischen angeregten Zuständen untersuchen. Mit ultrakurzen Lichtimpulsen ist es möglich, unmittelbar Relaxationszeiten von angeregten Elektronen- und Schwingungszuständen der Moleküle in kondensierter Materie zu messen und somit eine direkte Information über die in Zeiten von 10^{-12} s verlaufenden Prozesse des Energieaustausches und der Relaxation angeregter Moleküle zu erhalten.

5. Spektralanalyse über größere Entfernungen („LIDAR"). Mit Hilfe von Impulsen räumlich gerichteter, kohärenter Strahlung kann man die Raman-Streuung und die Resonanzstreuung von Atomen und Molekülen untersuchen sowie die Fluoreszenz in einer beträchtlichen Entfernung vom Laser (bis zu etwa Hundert km [13]) anregen und somit eine Information über die atomare und molekulare Zusammensetzung erhalten. Diese Methoden sind zur Zeit von besonderer Bedeutung für die Untersuchung der Atmosphäre und die Kontrolle der Umweltverschmutzung.

6. Lokale Spektralanalyse. Fokussiert man die Laserstrahlung, so kann man Spektralanalysen von kleinsten Stoffmengen, die in einem kleinen Volumen bis zu ungefähr 10 λ^3 konzentriert sind, durchführen. Dieses Verfahren wurde sehr erfolgreich in der lokalen Emissionsspektralanalyse angewandt [14]. Die Möglichkeiten der lokalen Spektralanalyse lassen sich jedoch wesentlich weiter bis in die Gebiete der Medizin und Biologie hinein ausdehnen.

Im besonderen Maße muß jedoch unterstrichen werden, daß durch die Laser die Spektroskopie eine natürliche Fortsetzung über den Rahmen der traditionellen Aufgaben der Spektroskopie hinaus — der Untersuchung der Zusammensetzung und des Baues der Materie — erfahren hat. Unterschiedliches Ansprechvermögen der Stoffe bei der Lichtabsorption gestattet, mit Hilfe der Laserstrahlung eine selektive Wechselwirkung zwischen dieser und der absorbierenden Substanz mit dem Ziel zu verwirklichen, die Zusammensetzung und die Eigenschaften der Substanz zu verändern. Diese Richtung nennt man auch zuweilen *„aktive“ Laserspektroskopie*. Im weiteren Sinne ist die Laserspektroskopie ein notwendiges Bindeglied in der Kette der praktischen und der fundamentalen Anwendungen des kohärenten Lichtes in der Chemie, der Biologie und anderen Gebieten.

Wie allgemein bekannt ist, haben die Eigenschaften der Atomkerne (Masse, Anregungsenergie, Spin) einen Einfluß auf die optischen Spektren der Atome und Moleküle, welcher sich in der Isotopiestruktur, der Hyperfeinstruktur und der Isomerenstruktur der Spektrallinien bemerkbar macht. Die Methoden der Laserspektroskopie mit höchster Auflösung gestatten einen hohen Grad an Genauigkeit bei der Messung dieser Effekte. Darüber hinaus lassen sich viele Ideen der nichtlinearen Laserspektroskopie innerhalb der Doppler-Linienbreite auf die γ-Übergänge in den Kernen ausdehnen. Prinzipiell ist es möglich, durch Einwirkung auf die optischen Übergänge von Atomen und Molekülen die Form der Spektrallinien der γ-Strahlen-Emission (-Absorption) zu verändern, insbesondere eine γ-Spektroskopie innerhalb der DOPPLER-Linienbreite von Kernen in der Gasphase durchzuführen [16]. Dieses neuentstandene Forschungsgebiet, welches sich auf der Grenze zwischen der optischen Laserspektroskopie und der Kernspektroskopie befindet, wird als *Laser-Kern-Spektroskopie* bezeichnet.

In diesem Band, in dem im wesentlichen meine Ausführungen in den Vorlesungen auf der Frühjahrsschule des Fachverbandes Optik der Physikalischen Gesellschaft der DDR (Friedrichsbrunn, April 1974[1])), den Vorlesungen im Forschungszentrum des VEB Carl Zeiss Jena und in der Friedrich-Schiller-Universität Jena (Februar 1975[2])) sowie den Vorlesungen für Studenten des Moskauer Physikalisch-Technischen Institutes (1971—1974) dargelegt sind, werden in kurzer Form alle erwähnten Aufgaben und Probleme der Laserspektroskopie behandelt. Ehe wir jedoch zur Betrachtung der Laserspektroskopie übergehen, ist es zweckmäßig, den gegenwärtigen Stand der Entwicklung von Lasern mit abstimmbarer Frequenz zu betrachten, da diese das entscheidende Instrument bei der Weiterentwicklung der Methoden der Laserspektroskopie sind.

2. Entwicklungsstand der Laser mit abstimmbarer Frequenz

Zur Abstimmung und Transformation der Frequenz eines Lasers werden drei prinzipiell verschiedene Methoden angewandt, nach denen man diese Laser klassifizieren kann:

1. Laser mit großer Fluoreszenzlinienbreite des Laser-

---

[1]) Der Autor ist den Herren Professor Dr. M. SCHUBERT und Professor Dr. B. WILHELMI für die Einladung und die Gastfreundschaft in Friedrichsbrunn zu Dank verpflichtet.

[2]) Der Autor dankt dem Direktor des Forschungszentrums des VEB Carl Zeiss, Jena, Prof. Dr. K.-H. MÜLLER, recht herzlich für die Einladung und die Gastfreundschaft in Jena.

überganges, innerhalb der durch frequenzselektive Resonatorelemente die Lage eines schmalen Bereiches mit minimalen Verlusten durchgestimmt werden kann (Halbleiterlaser, Farbstofflaser, Molekülgaslaser mit hohen Drücken, Excimeren-Laser).

2. Laser mit einem schmalen und frequenzabstimmbaren spektralen Verstärkungsprofil (magnetooptische Halbleiterlaser auf der Basis eines Spin-Umklapp-Prozesses [Spin-Flip-Laser], parametrische Oszillatoren).

3. Nichtlineare Frequenzwandlung (Erzeugung von Summen- und Differenzfrequenzen in nichtlinearen Medien). Diese Methode wird gewöhnlich mit einer der Methoden 1. oder 2. zur Erweiterung des Abstimmbereiches der Frequenz verwendet.

2.1. *Laser mit großer Verstärkerbandbreite*

Drei Klassen dieser Laser arbeiten zur Zeit sehr erfolgreich, in denen aktive Materialien in Form von

festen Körpern — Halbleiter, dotierte Gläser —,
Flüssigkeiten — Farbstoffe — und
Gasen — molekulare Gase unter hohem Druck —
eingesetzt sind.

Als selektives Element, welches ein Minimum an Resonatorverlusten an der vorgegebenen Stelle der Frequenzskala gewährleisten soll, wird gewöhnlich ein dispersiver Resonator oder ein frequenzabstimmbares Schmalbandfilter verwendet.

Laser auf der Basis von Farbstofflösungen (**Farbstofflaser**) sind die am weitesten verbreitete Klasse von abstimmbaren Lasern. Diese Laser wirken auf der Grundlage des optischen Pumpens von Farbstoffmolekülen aus dem Grundzustand in einen angeregten Elektronen-Singulett-Zustand. Auf Grund der Dichte der Schwingungs-Rotations-Niveaus großer Moleküle und der bedeutenden Verbreiterung dieser Niveaus in der Lösung sind die Verstärkerlinien hinreichend breit (gewöhnlich einige Hundert Å). Bisher ist es gelungen, eine sehr große Zahl von Farbstoffmolekülen zur Lasertätigkeit anzuregen (einige Hundert), die zu verschiedenen Farbstoffklassen gehören [17—20]. Mit diesen Farbstoffen kann Laserstrahlung bei einer beliebigen Wellenlänge zwischen 0,34 μm und 1,2 μm erzeugt werden (Abb. 1). In der

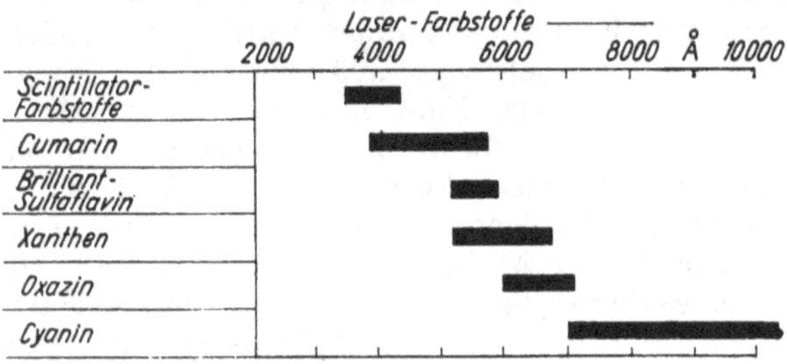

Abb. 1. Die wichtigsten Farbstoffklassen und die Bereiche der Abstimmöglichkeit beim Einsatz in Farbstofflasern

Regel kann man mit einem Farbstoff ein Wellenlängenintervall von einigen 10^2 Å überstreichen, welches sich in gewissen Grenzen durch Änderung der Konzentration und des Lösungsmittels verschieben läßt. In einzelnen Fällen ist der Abstimmbereich eines Farbstoffes bis auf 1500 Å ausdehnbar [21].

Als optische Pumpquellen für die Farbstofflaser sind am weitesten verbreitet:

1. Einzelimpuls-Rubinlaser (6943 Å) und dessen zweite Harmonische (3471 Å) sowie die Harmonischen von Einzelimpuls-Neodymglaslasern (die 2. mit 5300 Å, die 3. mit 3533 Å und die 4. mit 2650 Å). Die Ausgangsleistung der Einzelimpuls-Farbstofflaser kann einige Hundert MW betragen.

2. Impulslaser auf der Basis von Stickstoffmolekülen (3371 Å) sowie die Harmonischen der neodymdotierten Yttrium-Aluminium-Granat-Laser (YAG-Laser) (die

Pumpwellenlängen sind hier dieselben wie beim neodymdotierten Glas), die mit erhöhter Folgefrequenz bis zu einigen Hundert Hz arbeiten. Die Spitzenleistung der Laser mit derartigen Pumpsystemen erreichen Werte von 10 kW bis 100 kW, die mittlere Leistung liegt im Bereich von einigen mW bis Watt.

3. Spezielle Blitzlampen, die einen kurzen Lichtblitz aussenden (0,1—1 µs). Die Ausgangsleistung eines Farbstofflasers mit Blitzlampenpumpe beträgt gewöhnlich 10—50 kW, die Impulslänge 300—500 ns, die Folgefrequenz bis zu 100 Hz. Eine Erhöhung der mittleren Leistung bis zu 0,1 W erfordert spezielle Maßnahmen zur Beseitigung von Wärmeeffekten im aktiven Medium.

4. Kontinuierliche Argon-Ionen-Laser mit einer Ausgangsleistung um 1 W im TEM_{00}-Mode-Betrieb. Die Leistung eines derart betriebenen kontinuierlichen Farbstofflasers erreicht 0,1 W bei den Wellenlängen der effektivsten Farbstoffe (Rhodamin 6 G — 6000 Å) und 1 bis 10 mW bei den anderen Wellenlängen im sichtbaren Bereich.

Alle angeführten Lasertypen (1.—4.) werden von verschiedenen Firmen in einer Reihe von Ländern angeboten: „LOMO“ (Leningrad) und SKB der AdW der UdSSR (Minsk) und andere in der UdSSR; „Coherent Radiation“, „Spectra Physics“, „Molectron“, „Chromatix“ in den USA; VEB Carl Zeiss Jena und ZWG der AdW der DDR in der DDR; „Electro-Photonics“ in England und andere.

Das Prinzipschaltbild eines Farbstofflasers mit abstimmbarer Frequenz und dispersivem Resonator, wie er gewöhnlich im Impulsbetrieb verwendet wird, ist in Abbildung 2 dargestellt. Ein dispersiver Resonator hat minimale Verluste in einem sehr schmalen Frequenzbereich $\Delta\omega_{\min}$, der von dem Auflösungsvermögen des dispersiven Elementes (Beugungsgitter, Prisma) über folgende Beziehung abhängt

$$\frac{\Delta\omega_{\min}}{\omega_0} = \frac{1}{R}\left(\frac{\Psi_{\mathrm{Gen}}}{\Psi_{\mathrm{Dif}}}\right), \tag{2.1}$$

worin der Faktor Ψ_{Gen}/Ψ_{Dif} die Abweichung der Divergenz der erzeugten Strahlung Ψ_{Gen} von der Beugungsdivergenz Ψ_{Dif} berücksichtigt. Eine teleskopische Anordnung wird zur Vergrößerung des Auflösungsvermögens der Einrichtung verwendet. Die Küvette wird so auf-

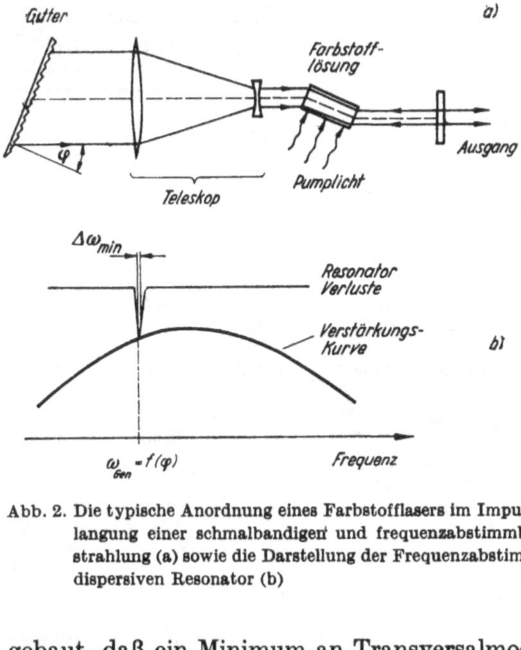

Abb. 2. Die typische Anordnung eines Farbstofflasers im Impulsbetrieb zur Erlangung einer schmalbandigen und frequenzabstimmbaren Ausgangsstrahlung (a) sowie die Darstellung der Frequenzabstimmung mit einem dispersiven Resonator (b)

gebaut, daß ein Minimum an Transversalmoden erreicht wird. Durch Drehen des Gitters verschiebt man das Gebiet der minimalen Verluste im Resonator längs der Verstärkerlinie und kann somit eine Lasertätigkeit an einer beliebigen vorgegebenen Stelle auf der Frequenzskala erhalten. Spezielle Methoden der Linieneinengung durch Selektion axialer Moden mit Fabry-Perot-Etalons im Inneren des Resonators ermöglichen eine Verringerung der Spektralbreite $\Delta\omega_{min}$ der ausgesandten Strahlung, in der sich gewöhnlich noch einige Zehn Axialmoden befinden, bis zu einer Mode. In diesem Falle ist die Spektralbreite der emittierten Strahlung bestimmt durch den Grenzwert, das heißt durch die FOURIER-Transformierte

Tabelle 1

Parameter der Farbstofflaser der Firma „Molectron“

Parameter/Typ		DL-100	DL-200	DL-300	Maßeinheit
Durchstimmbereich der Grundwelle		360–740	360–740	360–740	nm
Durchstimmbereich der zweiten Harmonischen		258–360	258–360	258–360	nm
Bandbreite der Strahlung		8	0,3	0,03	cm^{-1}
Absolute Genauigkeit der Wellenlänge		0,3	0,1	0,1	nm
Reproduzierbarkeit der Wellenlänge		0,01	0,01	0,001	nm
Ausgangsleistung	460 nm	25/85	40/150	5/18	kW[1])
	580 nm	12/60	25/125	3/15	kW[1])
Ausgangsenergie pro Impuls	460 nm	275/600	450/1000	60/125	µWs[1])
	580 nm	150/375	300/750	40/100	µWs[1])
Divergenz der Strahlung		1,2	2	2	mrad
Maximale Impulsfolgefrequenz		1000	1000	1000	Hz
Minimale Leistung des Pumpimpulses		30	20	50	kW
Minimale Länge des Pumpimpulses		5	5	5	ns

[1]) Es werden die Parameter angegeben, wie sie bei Verwendung von Stickstofflasern der Modelle UV-300 (Spitzenleistung der Ausgangsstrahlung 300 kW, mittlere Leistung 0,05 W bei einer Folgefrequenz von 25 Hz, Impulslänge 14 ns) und UV-1000 (1 MW, 0,25 W, 10 ns) erhalten wurden.

des Strahlungsimpulses mit einer Impulslänge im Nanosekundenbereich. Zur Illustration sind in Tabelle 1 die Parameter verschiedener Modelle von abstimmbaren Farbstofflasern mit einem Stickstofflaser als Pumpquelle dargestellt, wie sie in [22] beschrieben sind und von der

Firma „Molectron“ als Prototyp einer Geräteserie verwendet wurden [23].

Das gesamte Gebiet von 360 nm bis 740 nm wird durch einen Satz von 18 Farbstoffen und ihrer Gemische überstrichen. Der Frequenzabstimmbereich für die verschiedenen Farbstoffe ist in Abbildung 3 dargestellt. Die Parameter der abstimmbaren Laser in Tabelle 1 zeugen von

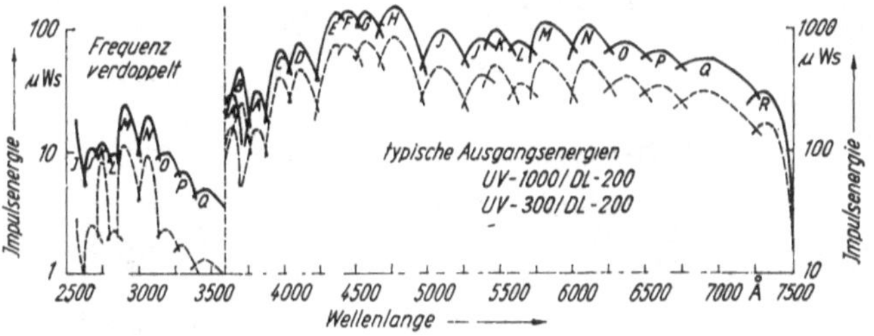

Abb. 3. Abstimmbereiche von Farbstofflasern der Firma „Molectron“. Die verwendeten Farbstoffe sind:

A – PPO; B – PPF; C – PBBO; D – DPS; E – Cumarin 120; F – Cumarin Z; G – 7-Diäthylamino-4-Methylcumarin; H – Cumarin 102; I – Cumarin 6 + 7-Diäthylamino-4-Methylcumarin; J – Dinatrium-Fluoreszin + 7-Diäthylamino-4-Methylcumarin; K – Dinatrium-Fluoreszin; L – Dinatrium-Fluoreszin + Rhodamin 6G; M – Rhodamin 6G; N – Rhodamin B; O – Cresyl-Violett-Perchlorat + Rhodamin 6G; Q – Nilblau-A-Perchlorat + Rhodamin B; R – Oxazin-1-Perchlorat + Rhodamin B

einem relativ hohen Stand der Technik der frequenzabstimmbaren Laser im sichtbaren und ultravioletten Spektralbereich. Die Spektralbreite garantiert ein Auflösungsvermögen von etwa 10^6, die hohe Ausgangsleistung ermöglicht mit Sicherheit die Anwendung der Methoden der nichtlinearen Spektroskopie und die kurzen Impulslängen die der zeitaufgelösten Spektroskopie.

Bedeutend schmalere Linien werden im kontinuierlichen Laserbetrieb erreicht. Durch Pumpen einer Farbstofflösung mit einem sehr gut fokussierten Strahl eines kontinuierlichen Argonlasers kann man eine kontinuierliche Lasertätigkeit in dieser Farbstofflösung erreichen. Anfangs wurde eine solche Strahlungserzeugung mit Lösungen von Rhodamin 6 G im roten Spektralbereich erhalten [24]. Heute arbeiten in allen Frequenzbereichen des sichtbaren Lichtes kontinuierliche Farbstofflaser [25]. Die wesentlichen Schwierigkeiten bei der Herstellung eines kontinuierlich arbeitenden Farbstofflasers sind der

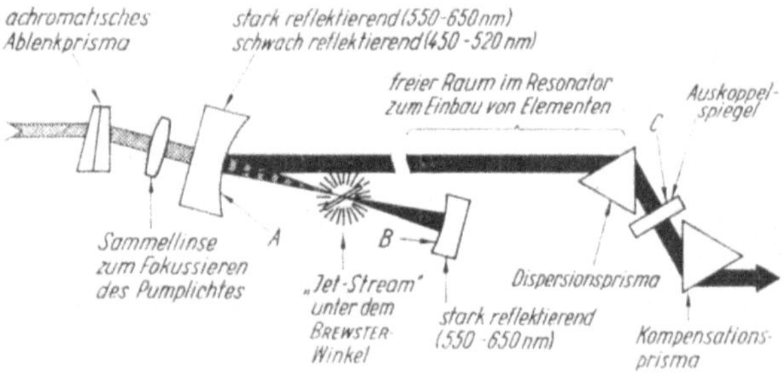

Abb. 4. Schematische Darstellung eines kontinuierlichen Farbstofflasers mit „Jet-Stream"-Anordnung (Modell 455 der Firma „Coherent Radiation")

geringe Verstärkungskoeffizient, die photochemischen Zersetzungen der Farbstoffmoleküle, die Zerstörung der Küvettenfenster (zwischen denen sich der Farbstoff befindet) infolge der hohen Leistungsdichte der Pumpstrahlung. Diese Schwierigkeiten können überwunden werden, wenn man als aktives Material einen Bereich eines schnellströmenden, profilierten Farbstofflösungsstrahles verwendet (den sogenannten "jet stream"). Das optische Schaltbild eines solchen Lasers (Modell 455 der Firma „Coherent Radiation", USA) ist in Abbildung 4 dargestellt. Im kontinuierlichen Betrieb kann man mit Hilfe von Selektoren innerhalb des Resonators Lasertätigkeit im Einmodenbetrieb [26] mit einer Linienbreite der Ausgangsstrahlung von nur einigen MHz [27] erreichen. Als Beispiel sind in der Tabelle 2 die Parameter von kontinuierlich arbeitenden Farbstofflasern mit Argonlaserpumpe, wie sie von der Firma „Spectra-Physics" produziert werden, angegeben [28].

Der Abstimmbereich des kommerziellen Farbstofflasers im kontinuierlichen Regime M-375 ist in Abbildung 5 dargestellt. Aus Tabelle 2 ist ersichtlich, daß

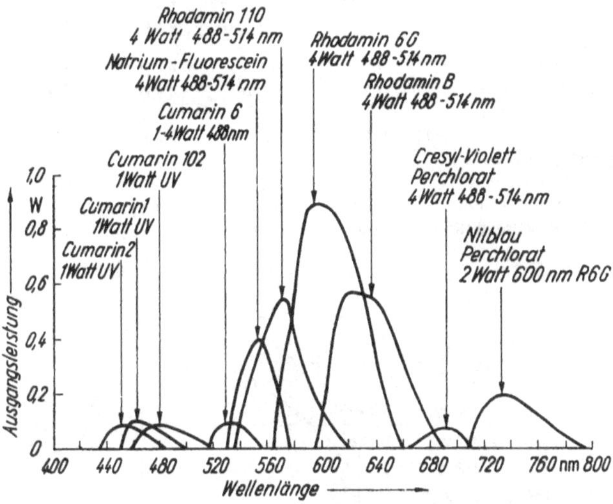

Abb. 5. Abstimmbereich eines kontinuierlichen Farbstofflasers, der durch einen Argonlaser angeregt wird (Modell M-375 [28])

zum gegenwärtigen Zeitpunkt auch bei den kontinuierlichen Farbstofflasern ein hinreichend hohes technisches Niveau im gesamten sichtbaren Spektralbereich erzielt worden ist. Es sei auf die sehr geringe Linienbreite des kontinuierlichen Lasers von 30 MHz (Modell M-580) hingewiesen, die mit Sicherheit Experimente auf dem Gebiet der nichtlinearen Spektroskopie innerhalb der Doppler-Linienbreite zuläßt. Charakteristisch für kontinuierliche Laser ist die relativ hohe mittlere Leistung der Ausgangsstrahlung. In Abbildung 6 sind die Lasereigenschaften einer Reihe von Farbstoffen beim Pumpen mit

Tabelle 2

Parameter von kontinuierlich arbeitenden Farbstofflasern der Firma „Spectra-Physics“

Parameter/Typ	M-370	M-375	M-580	Maß-einheit
Abstimmbereich	540–630	435–800	560–620	nm
Linienbreite	0,3–1,0	0,1–0,5	$3 \cdot 10^{-4}$	Å
Auflösungsvermögen der Abstimmung	0,1	0,1	$3 \cdot 10^{-4}$	Å
Wellenlängenstabilität	0,01	0,01	$6 \cdot 10^{-4}$	nm
Ausgangsleistung bei 590 nm	0,1	0,6	0,03	W
Pumpleistung bei 5145 Å des Argonlasers	1	4[1])	1	W
Kohärenz der Strahlung	TEM_{00}	TEM_{00}	TEM_{00}	
Stabilität der Ausgangsleistung	±5	±5	–	%/d

[1]) auf allen Linien

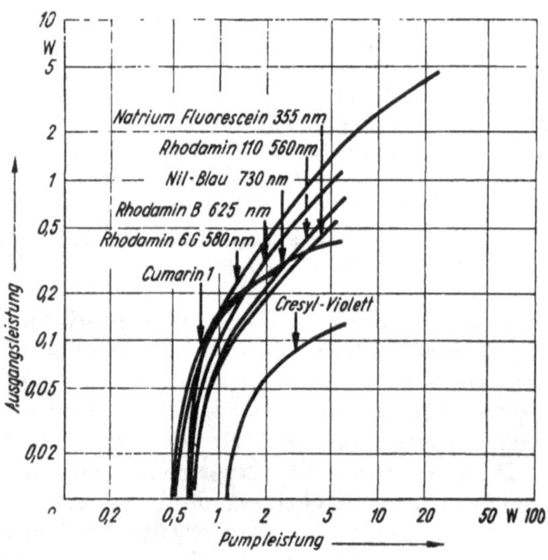

Abb. 6. Strahlungseigenschaften eines kontinuierlichen Lasers auf der Basis verschiedener Farbstoffe, der in "Jet-Stream"-Anordnung aufgebaut ist und durch einen Argonlaser gepumpt wird (Modell 375 [28])

der Strahlung eines Argonlasers (Modell M-375) angegeben [28]. Mit einem handelsüblichen Argonlaser mit einer Ausgangsleistung von ungefähr 4 W erhält man eine frequenzabstimmbare Strahlung bei einer beliebigen Wellenlänge im sichtbaren Spektralbereich mit einer Ausgangsleistung von 0,1—0,2 W.

Die Bandbreite der Strahlung eines kontinuierlichen Einmoden-Lasers kann bis zu einem Wert verringert werden, der der Linienbreite der Ausgangsstrahlung von Gaslasern ohne besondere Zusatzeinrichtungen sehr nahe kommt. Verwendet man Systeme der Servosteuerung für die Frequenz des abstimmbaren Lasers, so kann man Linienbreiten und Frequenzstabilitäten von 200 kHz [29] erreichen. Ein solcher Typ eines abstimmbaren Lasers hat Linienbreiten, die 10^3 bis 10^4 mal kleiner sind als die typischen DOPPLER-verbreiterten Atom- und Moleküllinien und ist für die nichtlineare Spektroskopie innerhalb der DOPPLER-Linienbreite geeignet.

Besonders sei hier auf die Bedeutung von abstimmbaren Farbstofflasern für die zeitaufgelöste Spektroskopie von Molekülen hingewiesen, deren Ausgangsimpulse Impulsbreiten im Picosekundengebiet haben. Solche Impulse erhält man sowohl beim Pumpen eines Farbstoffes mit Picosekundenimpulsen anderer Laser, zum Beispiel eines Rubinlasers oder eines Neodymglaslasers mit Modensynchronisation durch einen nichtlinearen Absorber [30], als auch durch Modensynchronisation im Farbstofflaser selbst [31]. Die Firma "Electro-Photonics Ltd." hat den ersten Typ eines abstimmbaren Farbstofflasers mit Picosekundenimpulsen auf den Markt gebracht. Das Modell SUA-10 garantiert folgende Parameter beim Pumpen von Rhodamin 6 G mit einer Blitzlampe: Einen Zug ultrakurzer Lichtimpulse, Impulsbreite 5 ± 1 ps, Abstand der Impulse 3—4 ns, Länge des Impulszuges 0,5—2 μs, minimale Impulsenergie 50 μWs, Abstimmbereich 580—700 nm. Die Impulsdauer kann auf kontrollierbare Weise im Bereich von 5 bis 200 ps variiert werden.

Weiterhin wurde ein Typ eines abstimmbaren

Lasers hergestellt, der hinsichtlich des Pumpens dem abstimmbaren kontinuierlichen Farbstofflaser sehr ähnlich ist, jedoch im infraroten Spektralbereich strahlt. Es handelt sich um einen kontinuierlichen Laser auf der Basis von F-Zentren. Ein solcher Laser wurde realisiert durch Pumpen eines lithiumdotierten KCl-Kristalles mit der Strahlung eines Kryptonlasers [33]. Dabei wurde eine Frequenzabstimmung von 2,6 bis 2,8 μm erreicht. Dieser Typ eines abstimmbaren Lasers erscheint ebenfalls aussichtsreich für die Spektroskopie zu sein.

Halbleiterlaser sind die andere wichtige Klasse der abstimmbaren Laser mit großer Linienbreite der Verstärkung. Erzeugung und Verstärkung erfolgen hier auf Interbandübergängen bei der Injektion von Elektronen durch elektrischen Strom in das Leitungsband (Diodenlaser), bei der Anregung durch optisches Pumpen oder durch einen Strahl schneller Elektronen [34]. Obwohl in der gegenwärtigen Zeit die Injektionslaser die verbreitetste Anwendung bei frequenzabstimmbaren Halbleiterlasern finden, sind die anderen Anregungsarten nicht ohne Bedeutung.

Die Verstärkerlinienbreite eines Halbleiterlasers liegt gewöhnlich im Bereich von einigen Zehn bis zu einigen Hundert cm^{-1}. Man kann jedoch durch Veränderung der Zusammensetzung von binären und ternären Halbleiterverbindungen eine Verstärkung bei einer beliebigen Wellenlänge im Bereich von 5000 Å bis 30 μm erhalten [35]. Die Verstärkungsgebiete einer Reihe von Halbleiterverbindungen sind in Abbildung 7 dargestellt. Fast alle Injektionslaser erfordern für eine Lasertätigkeit im Impulsbetrieb Arbeitstemperaturen von 77 K, im kontinuierlichen Betrieb sogar Temperaturen von 4 K und darunter. Eine Ausnahme hierin stellen die Laser auf der Basis von $GaAs_{1-x}P_x$ mit Heteroübergängen dar, die im kontinuierlichen Betrieb sogar bei Zimmertemperaturen arbeiten können. In der Regel emittiert ein Halbleiterlaser auf vielen axialen und transversalen Moden, so daß sein Strahlungsspektrum sehr breit ist. Man kann jedoch bei Verwendung eines äußeren Spiegels mit einem Teleskop die Lasertätigkeit auf die axialen Moden beschränken. Verwendet man weiterhin einen dispersiven Resonator, so kann man das Spektrum bis auf eine Mode einschränken, die dann in ihrer Frequenz abstimmbar ist [36]. Der typische Wert für den Abstand der Axialmoden in einem solchen Resonator liegt in der Größenordnung von 1 cm^{-1}.

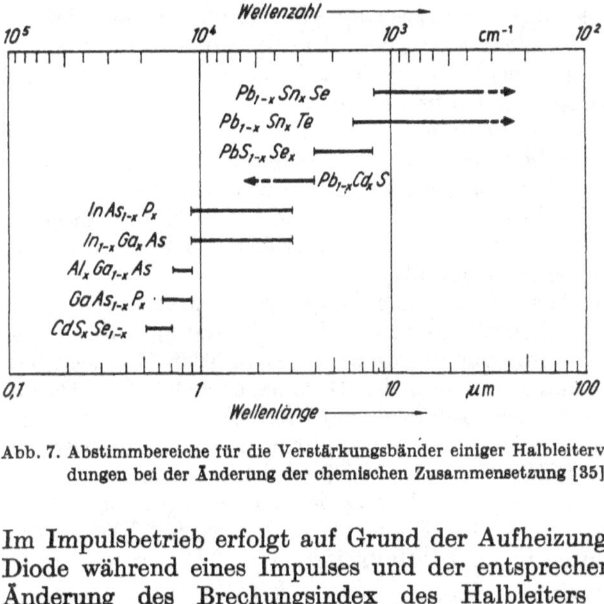

Abb. 7. Abstimmbereiche für die Verstärkungsbänder einiger Halbleiterverbindungen bei der Änderung der chemischen Zusammensetzung [35]

Im Impulsbetrieb erfolgt auf Grund der Aufheizung der Diode während eines Impulses und der entsprechenden Änderung des Brechungsindex des Halbleiters eine Durchstimmung der Strahlungsfrequenz jeder einzelnen Mode. Dieser Effekt wird für die Spektroskopie schmaler Linien in einem sehr engen Spektralbereich ausgenutzt. Durch Einbau eines äußeren Spiegels und eines Teleskopes kann man die Ausgangsstrahlung auf die axialen Moden beschränken, bei Verwendung eines Beugungsgitters statt eines Resonatorspiegels erreicht man einen Betrieb auf einer Axialmode. Die Frequenz dieser (dichtliegenden) axialen Moden kann über den gesamten Bereich der Verstärkerkurve des aktiven Materials durchgestimmt werden (200 Å bei einem GaAs-Halbleiterlaser bei konstanter Temperatur) und in einem noch größeren Bereich bei veränderlicher Temperatur (8500 Å bis 8900 Å für GaAs-Laser) [36, 37].

Die schmalsten Spektrallinien sind im kontinuierlichen Laserbetrieb erhalten worden. So wurde bei einem kontinuierlichen $Pb_xSn_{1-x}Te$-Halbleiterlaser, dessen Ausgangsstrahlung bei 10 μm liegt, eine Linienbreite von 50 kHz erreicht [35]. Die Leistung von Halbleiterlasern ist gewöhnlich nicht sehr hoch: Die Spitzenleistung von Impulslasern liegt bei einigen Zehn Watt, während die Leistung eines abstimmbaren kontinuierlichen Halbleiterlasers bei einigen Zehntel Milliwatt liegt. Eine Ausnahme bildet der GaAs-Injektionslaser, dessen Technologie derjenigen der anderen Halbleiterlaser weit vorauseilt. Mit diesem Laser kann man bei 77 K eine Leistung von einem Watt im kontinuierlichen Betrieb auf einer Frequenz erreichen [37].

Die Abstimmung der Frequenz eines Halbleiterlasers wird in kleinen Grenzen (Feinabstimmung) durch Variation des Anregungsstromes, eines äußeren Magnetfeldes, der Temperatur und des Druckes erreicht. Zur Durchstimmung schmaler Frequenzintervalle benutzt man gewöhnlich die Abstimmung über den Anregungsstrom. Sehr effektiv ist die kontinuierliche Abstimmung der Frequenz durch Änderung der Temperatur, die auf der Abhängigkeit der Frequenz ω der Mode TEM_{00q} vom Brechungsindex des Halbleiters $n = n(T)$ beruht:

$$\omega = 2\pi \frac{c}{2L} \cdot \frac{q}{n(T)}, \tag{2.2}$$

worin c die Lichtgeschwindigkeit im Vakuum und
L der Abstand zwischen den reflektierenden Enden des aktiven Materials sind.

Prinzipiell ist es möglich, eine kontinuierliche Abstimmung in einem Intervall zu erreichen, welches den Zwischenmodenabstand $2\pi c/2Ln(T)$ bei weitem übersteigt. Man kann jedoch durch äußere Einflüsse wie starke Drücke oder Magnetfelder das Verstärkungsgebiet eines Halbleiterlasers wesentlich verbreitern, ohne die Zusammensetzung des Materials zu verändern. Eine solche

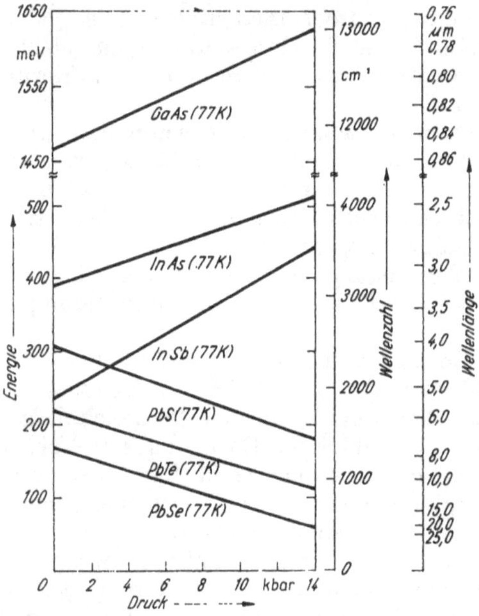

Abb. 8. Abhängigkeit des Bandabstandes einer Reihe von Halbleitermaterialien vom äußeren Druck bei 77 K [37]

Grobabstimmung gewährleistet das Arbeiten in großen Spektralintervallen, und unter gleichzeitiger Anwendung der Feinabstimmung erreicht man dabei simultan eine hohe Auflösung. Zur Veranschaulichung ist in Abbildung 8 die Abhängigkeit der Breite der verbotenen Zone einiger Halbleitermaterialien vom Druck bei 77 K dargestellt [37]. Durch Veränderung des Druckes bis zu 15 kbar, was durchaus mit kompakten Flüssigkeits-Druckgefäßen zu realisieren ist, kann man mit lediglich 3 bis 4 verschiedenen Halbleiterlasern Laserstrahlung bei einer beliebigen Frequenz im infraroten Spektralbereich erhalten.

Halbleiterlaser unterscheiden sich von anderen Lasertypen durch ihre Kompaktheit und Einfachheit in der Frequenzabstimmung. Ihre Ausgangsleistung ist jedoch gering. Deshalb finden sie ihr Hauptanwendungsgebiet in der linearen Laserabsorptionsspektroskopie im infraroten Spektralbereich.

Molekulargaslaser mit hohem Druck bieten die Möglichkeit, frequenzabstimmbare Ausgangsstrahlung mit relativ hoher Ausgangsleistung in verschiedenen Gebieten des infraroten Spektralbereiches zu erhalten. Die große Verstärkungsbandbreite ergibt sich durch Überdecken benachbarter Schwingungs-Rotations-Linien bei Erhöhung des Druckes auf Grund der Stoßverbreiterung der Linien [38].

Ein Druck von 10 Atm ist für das vollständige Überdecken benachbarter Verstärkerlinien des Moleküls CO_2 ausreichend. Zur Anregung komprimierter Molekulargase verwendet man eine elektrische Entladung mit Vorionisation durch einen Elektronenstrahl [39] oder durch ultraviolette Strahlung [40]. Aussichtsreich sind auch die Anregungsmethoden, die eine schnelle selbständige Entladung oder die infrarote Strahlung hoher Leistung eines anderen Lasers verwenden. Zur Verbreiterung des Abstimmbereiches der Verstärkungslinie sowie zur Verringerung des für die Überdeckung der Linien notwendigen Druckes kann man Lasertätigkeit in verschiedenen molekularen Gasen sowie in Gemischen von Molekülen mit verschiedenen Isotopen durchführen [41], wobei die Isotopieverschiebung der Spektrallinien ausgenutzt wird.

Die Abstimmung und Einengung der Laserlinie wird im Bereich der Verstärkungskurve durch einen dispersiven Resonator erreicht, der eine hinreichend hohe Auflösung hat. Eine Besonderheit der Verstärkungsbänder der molekularen Gase sind die Restinhomogenitäten der Verstärkung über die Frequenz, die zu einem Hinziehen der

Laserlinie zu den Maxima der Verstärkungskurven führt, wenn der Resonator nicht eine hohe Auflösung besitzt. In Abbildung 9 sind die Abstimmungscharakteristika eines

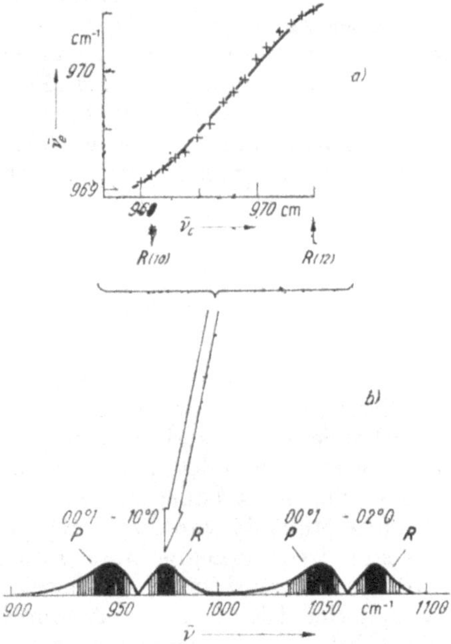

Abb. 9. Abstimmbereiche eines CO_2-Hochdrucklasers:

a) kontinuierliche Frequenzabstimmung der Strahlung ν_e bei Änderung der Resonatorfrequenz ν_c im Bereich zwischen zwei Verstärkerlinien;

b) der Abstimmbereich in den Bändern bei 9,6 µm und 10,6 µm, wobei die Bereiche der kontinuierlichen Abstimmung gestrichelt sind

CO_2-Elektroionisationslasers mit hohem Druck mit einer Linienbreite von 0,01 cm^{-1} dargestellt, wie er in [42] beschrieben ist. Im Unterschied zum Halbleiterlaser haben Gaslaser mit hohem Druck sehr viel höhere Ausgangsleistung. Das gestattet vor allem, die Methoden der nichtlinearen Optik zur Frequenzwandlung sehr effektiv einzusetzen und damit im Zusammenwirken mit anderen Gaslasern mit diskret abstimmbaren Frequenzen die Überdeckung des gesamten infraroten Spektralbereiches zu erreichen. Zum anderen eröffnet die hohe Leistung der Gaslaser im infraroten Spektralbereich die Möglichkeit, nichtlineare Effekte in den Molekülen selbst zu untersuchen, zum Beispiel die selektive Anregung und Dissoziation der Moleküle. Die Mehrphotonen-Infrarot-Spektroskopie von Molekülen ist ein neues aussichtsreiches Gebiet der Anwendung von frequenzabstimmbaren Infrarotlasern mit hoher Leistung.

2.2 Laser mit schmaler durchstimmbarer Verstärkerlinie

Ein anderer Weg, zur Frequenzabstimmung zu gelangen, beruht auf der Erzeugung von Licht in aktiven Materialien, die eine schmale Verstärkerlinienbreite besitzen; dabei werden Methoden verwendet, mit denen man das Zentrum dieser Linie auf der Frequenzskala durchstimmen kann. Eine solche Methode wurde zum Beispiel angewandt bei den ersten frequenzabstimmbaren Gaslasern, bei denen die Abstimmung auf Grund des ZEEMAN-Effektes erfolgte; wegen der Kleinheit des Abstimmbereiches erlangte diese Methode jedoch keine größere Verbreitung. Im weiteren wurden dann zwei effektive Methoden der Frequenzabstimmung sehr schmaler Verstärkerlinien entwickelt: Die Methode der parametrischen Strahlungserzeugung [43, 44], die Methode der stimulierten Streuung in Halbleitern, die sich in einem Magnetfeld befinden [45], und die Methode der stimulierten Streuung an Polaritonen [45a]. Diese Methoden verwenden eine nichtlineare Umwandlung der Laserstrahlung, sie unterscheiden sich jedoch von den in Abschnitt 2.3. beschriebenen Methoden dadurch, daß es sich bei ihnen um eine stimulierte Emission bei der abstimmbaren Laserlinie handelt.

Parametrische Generatoren arbeiten auf dem Prinzip des Zerfalls der Photonen einer starken Lichtquelle.

Die Frequenzabstimmung beruht darauf, daß bei konstanter Frequenz ω_3 der Punkt der Aufspaltung dieser Frequenz in die Frequenzen ω_1 und ω_2 von den Bedin-

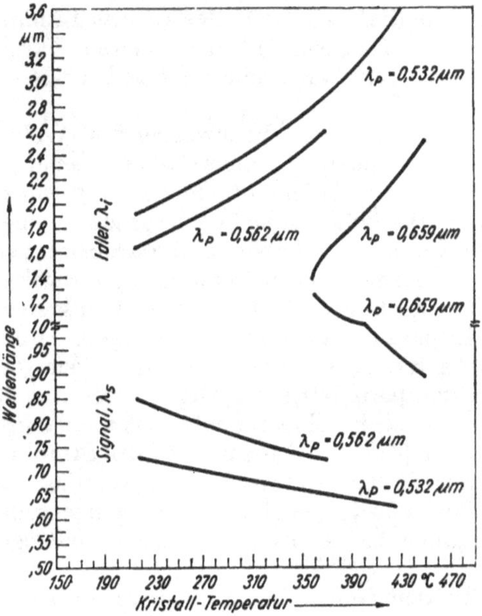

Abb. 10. Abstimmbereiche des Parametrischen Generators Modell M-120 der Firma „Chromatix", der auf der Basis eines Lithiumniobatkristalls arbeitet, für verschiedene Pumpwellenlängen λ_p [40]

gungen der Phasensynchronisation $\boldsymbol{k}_1 + \boldsymbol{k}_2 = \boldsymbol{k}_3$ abhängt, das heißt vom Brechungsindex des nichtlinearen Mediums bei diesen Frequenzen. Ändert man die Orientierung oder die Temperatur eines anisotropen Kristalls, so kann man diesen Aufspaltungspunkt auf der Frequenzskala verschieben. Ein parametrischer Generator auf der Basis eines Kristalls aus Lithiumniobat ($LiNbO_3$) zum Beispiel kann bei Änderung der Temperatur um 200° im Bereich von 0,6 bis 3,7 μm abgestimmt werden, wobei mit einer entsprechend kürzeren Wellenlänge gepumpt wird. In Abbildung 10 sind die Abstimmkurven für die Frequenzabstimmung des parametrischen Generators Modell 1020 der Firma „Chromatix" auf der Basis eines Lithiumniobatkristalls beim Pumpen mit der zweiten Harmonischen einer Reihe von Linien eines YAG : Nd^{3+}-Lasers dargestellt [46].

Zur Erweiterung des zu überstreichenden Wellenlängengebietes bei einem parametrischen Generator werden nichtlineare Materialien untersucht, um geeignete Medien zu finden, die hohe Transmissionsgrade in einem weiten Wellenlängenbereich haben und darüber hinaus große Werte der parametrischen Verstärkung aufweisen. In Abbildung 11 sind Daten für die Transmissionsgebiete und die Werte der parametrischen Verstärkung einer Reihe von nichtlinearen Kristallen angegeben, die zeigen, daß die Herstellung von parametrischen Generatoren mit abstimmbarer Frequenz in einem großen Wellenlängenbereich möglich ist [47]. Die Linienbreite der Strahlung eines parametrischen Generators liegt gewöhnlich bei 1 cm^{-1}. Durch Anwendung von Modenselektionstechniken kann man die Linienbreite bis zu 0,001 cm^{-1} einengen [48].

Die Technik auf dem Gebiet der parametrischen Oszillatoren hat schon einen hinreichend hohen Stand erreicht. Davon zeugen unter anderem die Werte des parametrischen Generators der Firma „Chromatix" Modell 1020, die auf dem Gebiete der parametrischen Generatoren die ersten Muster entwickelt hat (siehe Tabelle 3).

Eine überzeugende Vorstellung von der Bedeutung des parametrischen Oszillators vermitteln die Daten einer frequenzabstimmbaren leistungsfähigen Lichtquelle im infraroten Spektralgebiet, die in der Stanford University in USA entwickelt wird [49]. Mit den Kristallen $AgGaSe_2$, CdSe und $LiNbO_3$ als nichtlineare Medien soll der Fre-

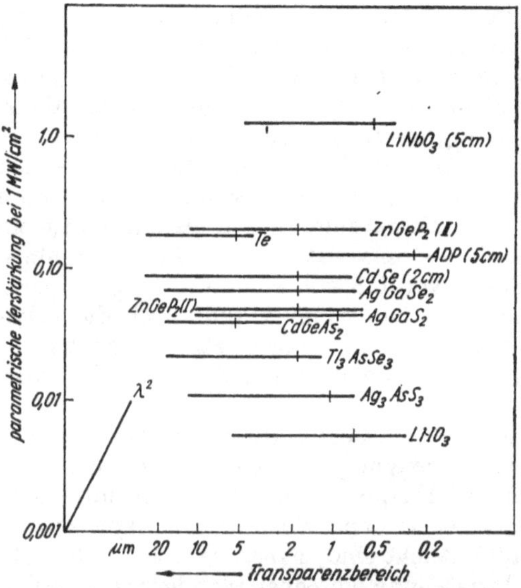

Abb. 11. Die parametrische Verstärkung und der Transmissionsbereich für verschiedene nichtlineare Kristalle bei einer Bestrahlungsstärke durch die Pumpstrahlung von 1 MW/cm² (die Pumpwellenlängen sind durch vertikale Striche angedeutet, die Kristallängen betragen, wenn nicht anders vermerkt, 1 cm) [47]

Tabelle 3

Eigenschaften der optischen parametrischen Generatoren der Firma „Chromatix" [46]

Eigenschaften	M-1020	M-1020-1	Maßeinheit
Abstimmbereich	0,65–3,0	1,6–3,0	µm
Auflösung oder Linienbreite der Strahlung	0,5	0,002	cm^{-1}
Frequenzstabilität	±0,5	±0,002	cm^{-1}
Spitzenleistung bei 2,0 µm	600	50	W
Mittlere Leistung bei 2,0 µm	7	0,3	mW
Impulsdauer	70–250	70–250	ns
Impulsfolgefrequenz	1–75	1–75	Hz

quenzbereich von 0,62 bis 27 μm überstrichen werden. Die Linienbreite der Strahlung bei kontinuierlicher Abstimmung beträgt 0,1 cm^{-1}, die Energie pro Impuls 10^{-2} Ws (im nahen Infrarot), die Folgefrequenz 10 Hz. Bei Durchstimmung kleinerer Frequenzintervalle in der Größenordnung von 1 cm^{-1} kann die Linienbreite der Strahlung auf 0,01 cm^{-1} herab gesenkt werden. Zum Pumpen des optischen parametrischen Oszillators ist ein Yttrium-Aluminium-Granat-Laser mit einer Ausgangsenergie pro Impuls von 0,3 Ws, mit einer Folgefrequenz von 10 Hz und einer Lebensdauer, die durch die Blitzlampen gegeben ist (10^7 Blitze oder 10 Tage durchgehender Betrieb bei einer Folgefrequenz von 10 Hz), vorgesehen.

Die Methode der parametrischen Oszillation ist sehr gut geeignet zur Erzeugung von Picosekundenimpulsen mit abstimmbarer Frequenz, besonders im infraroten Spektralbereich. Die ersten erfolgreichen Experimente, die in [50] veröffentlicht sind, haben die realen Möglichkeiten für die Herstellung einfacher Wanderwellenoszillatoren im Bereich von 1,4 μm bis 4,0 μm mit Impulslängen der Größenordnung 10 ps aufgezeigt. Dabei wurde ein nichtlinearer Kristall mit Picosekundenimpulsen eines Neodymglaslasers gepumpt. Ein solcher abstimmbarer Picosekundenimpulslaser ist sehr aussichtsreich für die Picosekundenspektroskopie von Schwingungszuständen der Moleküle im kondensierten Medium. Die relative Einfachheit eines solchen Oszillators läßt die Hoffnung zu, daß in nächster Zeit diese Lasertypen kommerziell angeboten werden.

Laser auf der Basis eines stimulierten Spin-Umklapp-Prozesses (Spin-Flip-Laser) beruhen auf der stimulierten RAMAN-Streuung der Laserstrahlung an Leitungsbandelektronen im Halbleiter, der sich in einem Magnetfeld befindet. Die LANDAU-Niveaus der Elektronen spalten im Magnetfeld in zwei Unterniveaus mit entgegengesetzter Spinorientierung auf, wobei diese auf die Richtung des Magnetfeldes bezogen wird. Der Abstand zwischen den

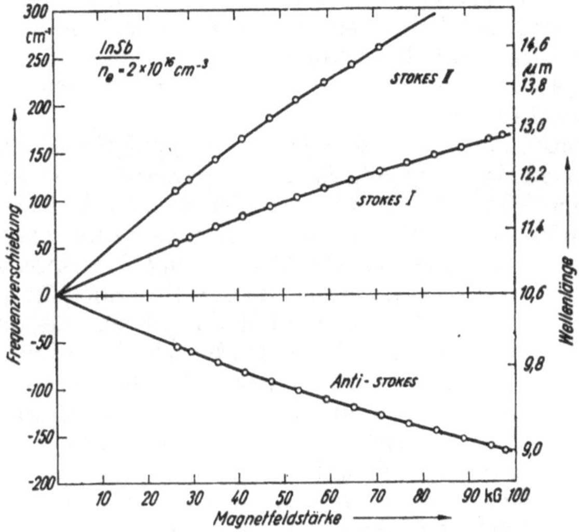

Abb. 12. **Abstimmbereiche eines Spin-Flip-Lasers auf der Basis von InSb, der auf der Stokes-, der Anti-Stokes- und der zweiten Stokes-Komponente lasert, bei Änderung des Magnetfeldes [51] (gepumpt mit einem CO_2-Laserimpuls bei 10,6 µm)**

Unterniveaus beträgt $\Delta\omega_s = g\mu_B H$, worin H die Stärke des Magnetfeldes und μ_B das Bohrsche Magneton sind. $\Delta\omega_s$ wird wesentlich durch den g-Faktor für Elektronen im Leitungsband bestimmt, der im Festkörper den Wert der freien Elektronen erheblich übersteigen kann. Im starken infraroten Lichtfeld erfolgt eine stimulierte Streuung mit Spinumkehr des Elektrons, wobei die Laserstrahlung eine Stokes-Verschiebung erleidet: $\omega_{sc} = \omega_L - \Delta\omega_s$. Die Größe dieser Stokes-Verschiebung wird durch das äußere Magnetfeld geregelt. Stimulierte Streuung mit Spinumkehr wird beobachtet in Indiumantimonid mit bestimmter Elektronenkonzentration bei 30 K [45]. Zum Pumpen wird ein gepulster CO_2-Laser verwendet. In Abbildung 12 sind die Abstimmkurven eines der Spin-Flip-Laser dargestellt, wobei das Pumpen mit einem hinreichend intensiven CO_2-Laser bei 10,6 μm erfolgt. Neben der STOKES-Komponente treten hierbei noch die Anti-STOKES-Komponente und die zweite STOKES-Komponente auf [51].

Die Linienbreite der Verstärkung, die auf Grund der stimulierten Streuung mit Spinumkehr auftritt, beträgt etwa 1 cm^{-1} im Indiumantimonid. Die stimulierte Emission erfolgt in der Gegend der Spitze der Verstärkerlinie und folgt dieser bei der Abstimmung. Im Impulsbetrieb beträgt die Linienbreite der Strahlung etwa 0,1 cm^{-1}. Die Linearität der Abstimmung ist sehr gut, die relativen Abweichungen liegen in der Größenordnung von 10^{-4}. Schmalere Linienbreiten mit abstimmbarer Frequenz kann man im kontinuierlichen Betrieb erhalten. Diesen kontinuierlichen Betrieb kann man im Indiumantimonid-Kristall beim Pumpen mit der Strahlung eines kontinuierlichen CO-Lasers bei 5 μm erreichen [52]. Die Photonenenergie des CO-Lasers entspricht etwa der Breite der verbotenen Zone im Indiumantimonid, was zur Erhöhung des Querschnittes der RAMAN-Streuung und zur Verringerung der Pumpschwelle für diesen Effekt führt. Im kontinuierlichen Betrieb liegt die Linienbreite der Strahlung in der Größenordnung von 10 MHz bis 15 MHz auf Grund akustischer und anderer Störungen; man kann jedoch mit Hilfe der Servo-Steuerung der Frequenz sehr hohe Kurzzeit- und auch Langzeitstabilitäten der Frequenz dieser abstimmbaren Laser erreichen (etwa 100 kHz bei einer Ausgangsleistung von einem Watt) [37]. Mit einer so hochmonochromatischen Strahlung relativ hoher Intensität können mit Sicherheit Experimente zur nichtlinearen Spektroskopie innerhalb der DOPPLER-Linienbreite durchgeführt werden. In den ersten Spin-Flip-Lasern benötigte man noch sehr hohe Magnetfelder, wodurch die Anwendung von Supraleitungs-Magneten erforderlich wurde. Bei Verringerung der Konzentration der Elektronen im Indiumantimonid kann man eine stimulierte Streuung schon bei sehr niedrigen Feldern erreichen (etwa bei 400 Gauß) [53]. Dadurch konnten kontinuierlich arbeitende Laser mit konstanten Magnetfeldern hergestellt werden, bei denen die Frequenz der Laser mit Hilfe zusätzlicher kleiner Elektromagneten oder durch Verschiebung des nichtlinearen Kristalls im inhomogenen Magnetfeld erreicht wird. Das Abstimmungsgebiet wird bei so kleinen Magnetfeldern dadurch wesentlich er-

Tabelle 4

Eigenschaften der Spin-Flip-Laser mit abstimmbarer Frequenz, hergestellt von der Firma „Edinburgh Instrument Ltd." [54]

Parameter	Impulsbetrieb	Kontin. Betrieb	Maßeinheit
Abstimmbereich	9–10 5–6	5–6	μm
Auflösung	0,08	0,1–0,001	cm^{-1}
Spitzenleistung			
5–6 μm 9–12,7 μm	10^2-10^3	–	W
12,7–14 μm	$1-10^2$	–	W
Folgefrequenz	5	–	Hz
Impulsdauer	100	–	ns
Langzeitstabilität der Frequenz	$< 10^{-7}$		$\frac{\Delta\omega}{\omega}/h$
Mittlere Leistung	$10^{-3}-10^{-6}$	1	W
Pumpquelle	TEA-CO_2, CO	CO	

weitert, daß die stimulierte Streuung bei einer großen Zahl von Stokes- und Anti-Stokes-Komponenten stattfindet [37]. Ungeachtet der Tatsache, daß die experimentelle Realisierung des Spin-Flip-Lasers erstmalig 1970 bekannt wurde, gibt es bereits ein kommerzielles Modell. Es wurde entwickelt auf der Grundlage von Untersuchungen, die in der Heriot-Watt-University in Edinburgh durchgeführt worden sind. In der Tabelle 4 sind die Parameter von Spin-Flip-Lasern im kontinuierlichen Betrieb und im Impulsbetrieb mit einem Indiumantimonid-Kristall dargestellt.

Die Verwendung anderer Halbleitermaterialien und Pumplaser wird es sicherlich ermöglichen, den gesamten infraroten Spektralbereich mit Hilfe dieses Typs eines abstimmbaren Lasers zu überdecken, der sich von anderen dadurch unterscheidet, daß es sich hierbei um einen vollständig elektronisch abstimmbaren Laser handelt.

2.3. *Nichtlineare Frequenzwandlung*

Hat man einen Laser mit abstimmbarer Frequenz ω_2 in einem beliebigen Spektralbereich zur Verfügung, so kann man durch Mischung dieser Frequenz mit der Frequenz der Strahlung eines anderen Lasers (mit dem festen Wert ω_1) eine abstimmbare Strahlung in einem kurzwelligeren Spektralbereich bei der Summenfrequenz $\omega_1 + \omega_2$ und in einem langwelligeren Spektralbereich bei der Differenzfrequenz $|\omega_1 - \omega_2|$ erhalten. Diese Methode ist von praktischer Bedeutung einmal zur Erschließung von Spektralbereichen, in denen es nicht in hinreichendem Maße abstimmbare Laser gibt, so zum Beispiel im fernen Infrarot oder im Submillimeterwellengebiet sowie im ultravioletten Spektralbereich, zum anderen zur Ausdehnung des Abstimmbereiches eines gegebenen Lasers mit Frequenzabstimmung, dessen Abstimmbereich gewöhnlich eine Oktave nicht überschreitet.

Die Erzeugung der Differenzfrequenz ist sehr effektiv für die Erschließung des fernen infraroten Spektralbereiches bis hin zu den Millimeterwellen. Mischt man zum Beispiel die Strahlung eines gepulsten CO_2-Lasers fester Frequenz mit der Strahlung eines gepulsten CO_2-Lasers, dessen Frequenz diskret über die einzelnen Schwingungs-Rotationsniveaus abgestimmt wird, so kann man eine Strahlung bei der Differenzfrequenz im Bereich von 70 µm bis zu 1 cm mit einer Leistung von einem Watt bis zu 10^{-4} W erhalten. In Abbildung 13 ist die Abstimmkurve der Differenzfrequenz in Galliumarsenid (GaAs) bei nichtkollinearer Mischung der Strahlung in Abhängigkeit vom Winkel zwischen den beiden Strahlen dargestellt [55]. Verwendet man als einen der Laser einen Hochdruck-CO_2-Laser mit abstimmbarer Frequenz oder einen Spin-Flip-Laser, der mit der Strahlung eines CO_2-Lasers gepumpt wird, so kann man eine kontinuierliche Durchstimmung im gesamten angegebenen Spektralbereich mit einer Auflösung von mindestens 10^{-2} cm^{-1} er-

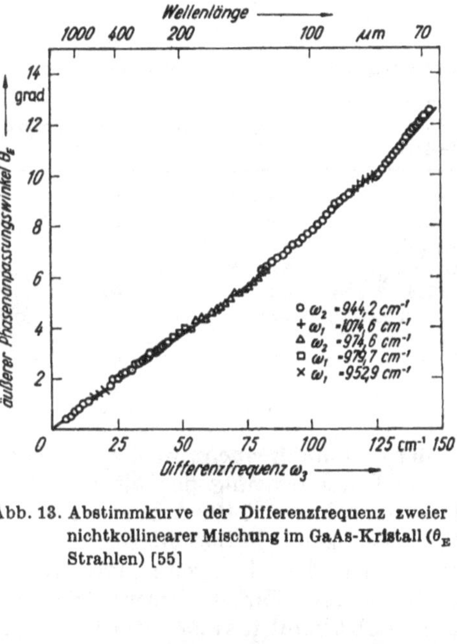

Abb. 13. Abstimmkurve der Differenzfrequenz zweier CO_2-Laser-Impulse bei nichtkollinearer Mischung im GaAs-Kristall (θ_E — Winkel zwischen den Strahlen) [55]

reichen. Die Erzeugung der Differenzfrequenz durch optische Mischung der Strahlung zweier Farbstofflaser mit abstimmbarer Frequenz ermöglicht die Überdeckung des gesamten infraroten Spektralbereiches und des Submillimeterbereiches. In Tabelle 5 sind die Ergebnisse einer Reihe von Experimenten angeführt, die mit Impulslasern erhalten worden sind.

Der Fortschritt auf dem Gebiete der kontinuierlichen Farbstofflaser mit sehr schmaler Linienbreite der Ausgangsstrahlung stimuliert seinerseits die Erzeugung der Differenzfrequenz im Infrarot im kontinuierlichen Betrieb mit ebenso schmaler Linienbreite. Es ist durchaus realistisch, abstimmbare Lichtquellen dieser Art mit einer Ausgangsleistung von 10^{-6} W und einer Linienbreite von weniger als 10^{-3} cm^{-1} zu erwarten.

Tabelle 5

Erzeugung der Strahlung bei der Differenzfrequenz zweier Farbstofflaser

Abstimmbereich µm	Nichtlineares Medium	Ausgangsleistung in W	Literaturstelle
3–4	$LiNbO_3$	10^3–10^4	56
4,1–5,2	$LiJO_3$	10^2	57
3,2 –5,65	Ag_3AsS_3	10^3	58
5,82–7,15	Ag_3AsS_3	60	59
4,6 –12	$AgGaS_2$	0,1	60
52 –2000	$LiNbO_3$ und ZnO	10^{-3}	61
200–5000	$LiNbO_3$	10^{-3}	62

Die Erzeugung der Summenfrequenz wird sehr erfolgreich angewandt zur Durchdringung des ultravioletten Spektralgebietes im Bereich von 3400 Å bis zu 2000 Å, in dem es bis jetzt noch keine Farbstofflaser gibt. Gewöhnlich wird dabei entweder die zweite Harmonische eines frequenzabstimmbaren Farbstofflasers oder die Summenfrequenz eines abstimmbaren Farbstofflasers und der zweiten Harmonischen eines Festkörperlasers verwendet. Damit ist Laserstrahlung mit abstimmbarer Frequenz im Bereich von 2500 Å bis 3250 Å mit einer Spitzenleistung von 6 kW [63] und im Gebiet von 2800 Å bis 2900 Å mit einer Spitzenleistung im Megawattgebiet [64] erhalten worden. Die zur Zeit verwendeten Kristalle lassen ein Vordringen mit dieser nichtlinearen Methode bis zu etwa 2100 Å zu. Es ist jedoch klar, daß die Ausnutzung von Effekten in Metalldämpfen [65] ein weiteres Vordringen mit den Methoden der nichtlinearen Optik und — was besonders wichtig ist — die Erzeugung höherer Harmonischer mit großer Effektivität ermöglicht.

Die stufenweise Transformation der Frequenz der Strahlung in die zweite, dritte und vierte Harmonische wird zur Zeit zur Erweiterung des Frequenzgebietes eines Neodymglaslasers mit abstimmbarer Frequenz angewandt. Diese Methode ist in solchen Fällen von Vorteil, in denen hohe Leistung und schmale Linienbreite gleichzeitig im nahen infraroten, im sichtbaren und im ultravioletten Spektralbereich gefordert werden. In [66] ist ein Laser dieser Art beschrieben, der auf einer TEM_{00}-Mode arbeitet. Er emittiert einen Impuls mit einer Energie von 1 Ws bei der Grundfrequenz, 0,4 Ws bei der zweiten Harmonischen und 0,03 Ws bei der Frequenz der dritten Harmonischen. Durch Drehung eines Fabry-Perot-Etalons im Resonator wird die Frequenz dieses Lasers im Bereich von 0,3 cm^{-1} durchgestimmt. Für eine Grobabstimmung wird ein Beugungsgitter verwendet. Die Frequenz wird eingestellt und kontrolliert mit einer Genauigkeit von 0,01 cm^{-1} in einem Bereich mit einer Breite von 200 cm^{-1} (bei der Wellenlänge der Grundwelle 1,06 μm), das heißt mit einer relativen Genauigkeit von 10^{-7}. Offensichtlich sind das die besten Ergebnisse bei gepulsten Lasern mit großer Leistung.

Betrachtet man die nächste Etappe der Entwicklung und Anwendung abstimmbarer Laser, so muß man unbedingt auch eine andere Möglichkeit für die Beherrschung des Spektralgebietes von 1600 Å bis 3400 Å im Auge behalten, welche gegeben wird durch das optische Pumpen geeigneter Medien mit einem Wasserstofflaser bei der Wellenlänge 1550 Å [67]. Dieser Laser hat Ausgangsleistungen im Megawattgebiet, kurze Impulsdauern (kleiner als 10^{-9} s), eine hohe Folgefrequenz und einen Wirkungsgrad bis zu 0,5%. Diese Methode ermöglicht sehr wahrscheinlich die Herstellung einfacher und billiger frequenzabstimmbarer Laser im genannten Spektralbereich in ähnlicher Form, in der der Stickstofflaser bei 3371 Å es ermöglichte, das Wellenlängengebiet oberhalb 3500 Å mit einer sehr einfachen und verfügbaren Methode zu erschließen.

Man kann somit feststellen, daß im gegenwärtigen Moment die grundlegenden Methoden gefunden und die wichtigsten Klassen der Laser realisiert sind, die eine Abstimmung der Frequenz vom ultravioletten Spektralgebiet bis zu den Submillimeterwellenbereichen erlauben. Einige dieser Lasertypen sind geeignet, einen Spektralbereich von 2 bis 3 Oktaven zu überstreichen, die Mehrzahl der abstimmbaren Laser jedoch überdeckt maximal eine Oktave oder sogar nur 5–10% der Mittenfrequenz. Die Anwendung eines Satzes von aktiven Materialien in einem Lasertyp oder in einer Laserkonstruktion kann den überdeckbaren Spektralbereich eines Lasers mindestens bis zu einer Oktave erweitern.

Praktisch wurden für alle Typen von abstimmbaren Lasern die Möglichkeit des Einmodenbetriebes mit sehr schmalbandiger Ausgangsstrahlung demonstriert und die entsprechenden technischen Möglichkeiten gefunden. Im kontinuierlichen Betrieb wurden Linienbreiten im Bereich von 1 kHz bis 1 MHz erreicht. In Impulslasern wurden Spektralbreiten erhalten, die der reziproken Impulsbreite entsprechen: 10—30 MHz bei Impulsbreiten von 30—10 ns. Demzufolge ist also auch die Linienbreite der Ausgangsstrahlung von Impulslasern kleiner als die Doppler-Breite der schmalsten Absorptionslinien von Gasen, von der Druckverbreiterung bei Atmosphärendruck ganz zu schweigen. Damit kann man die Grenze des Auflösungsvermögens bei der Vermessung von Absorptionsspektren der Medien erreichen.

Bei der Anwendung der abstimmbaren Laser in der Spektroskopie spielt die spektrale Leistungsdichte eine wichtige Rolle. Die schmalen Linien der Ausgangsstrahlung der Laser bewirken auch hinsichtlich dieses

Parameters einen Spitzenwert. So erreicht man zum Beispiel sogar in einem kontinuierlichen Injektionslaser mit einer Ausgangsleistung von 10^{-4} W—10^{-5} W eine spektrale Leistungsdichte von 10^{-9} W/Hz, was einer Strahlung eines schwarzen Körpers mit einer Temperatur von 2000 K und einer Fläche mit einem Durchmesser von einigen Metern entspricht. Die hohe spektrale Leistungsdichte, gepaart mit der hohen räumlichen Kohärenz, gewährleistet auch eine große spektrale Strahldichte. So ist zum Beispiel für die Strahlung einer leistungsschwachen Laserdiode im kontinuierlichen Betrieb die spektrale Strahldichte besser als 10^{-5} W/cm²srHz, was um viele Größenordnungen höher liegt als die spektrale Strahldichte von thermischen Lichtquellen im infraroten Gebiet. Ein schwarzer Körper hat zum Beispiel bei 2000 K eine spektrale Strahldichte bei 10 μm von $2 \cdot 10^{-14}$ W/cm² sr Hz. Das bedeutet, daß schon die Verwendung von leistungsschwachen Laserdioden in der Absorptionsspektroskopie hoher Auflösung das Signal-Rausch-Verhältnis des Spektrometers um einige Größenordnungen verbessern sollte.

Am Ende dieser — allerdings etwas optimistischen — Umschau über den gegenwärtigen Stand der Entwicklung abstimmbarer Laser muß jedoch auch gesagt werden, daß viele der betrachteten Lasertypen nicht immer denjenigen Laboratorien verfügbar sind, in denen auch ihre erfolgversprechendsten Anwendungen liegen dürften. Das ist der Grund dafür, daß die meisten der unten beschriebenen Experimente von den Entwicklern der abstimmbaren Laser selbst durchgeführt worden sind. Sie sollten deshalb auch nur als eine Demonstration der Möglichkeiten der abstimmbaren Laser angesehen werden. Die weite Verbreitung der frequenzabstimmbaren Laser in den wissenschaftlichen Laboratorien ist eine Aufgabe der nächsten Jahre.

3. Lineare Laserspektroskopie

3.1. Grundlegende Methoden

Am häufigsten werden drei Methoden der Spektraluntersuchung der Stoffe mit Hilfe von frequenzabstimmbaren Lasern angewandt, wodurch sich in diesem Zusammenhang die Verwendung gewöhnlicher Spektral-

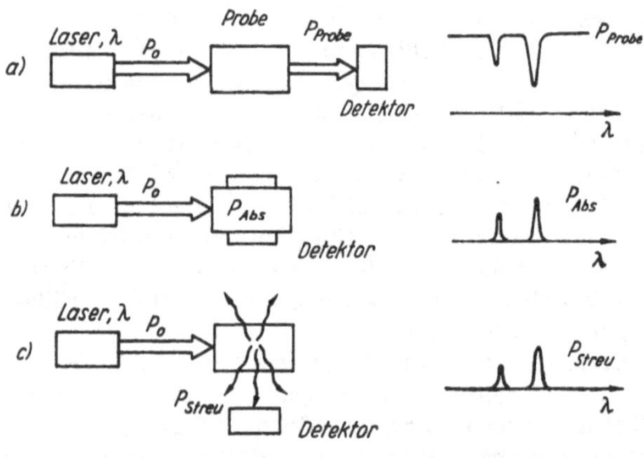

Abb. 14. Grundlegende Methoden der Spektroskopie von Absorptionslinien von Materialien bei Verwendung von frequenzabstimmbaren Lasern: a) Die Absorptionsmethode; b) die opto-akustische Methode; c) die Fluoreszenzmethode

geräte zur Lichtzerlegung erübrigt. Die optischen Schemata dieser Methoden sind in Abbildung 14 wiedergegeben. Im einfachsten Falle wird die von der Probe durchgelassene Strahlungsenergie in Abhängigkeit von der Wellenlänge des abstimmbaren Lasers gemessen. Das ist die Absorptionsmethode, die besonders bei der Vermessung hinreichend intensiver Absorptionslinien geeignet ist, wenn nämlich die absorbierte Energie einen merklichen Teil der auffallenden Strahlungsenergie, etwa mehr als 1%, ausmacht. Wenn jedoch die absorbierte Energie nur einen sehr geringen Teil der auffallenden Energie darstellt, so ist es häufig zweckmäßiger, die von der Probe absorbierte Energie unmittelbar zu messen. So ist zum Beispiel bei der Spektroskopie absorbierender Gase die Strahlungsabsorption begleitet von einer Änderung der Temperatur und des Druckes des Gases, das heißt, es entsteht ein *opto-akustischer* Effekt, den man zur Registrierung der absorbierten Energie benutzen kann. In einer Reihe von Fällen ist die Absorption der Strahlung begleitet von einer nachfolgenden Abstrahlung der absorbierten Energie durch die angeregten Teilchen, das heißt, es tritt eine Fluoreszenz auf. Die Vermessung der Fluoreszenzintensität in Abhängigkeit von der Wellenlänge des anregenden Lasers stellt die Grundlage für die *Fluoreszenzmethode* der Laserspektroskopie dar, die ebenfalls eine hohe Empfindlichkeit besitzt. Wir wollen im weiteren jede dieser Methoden der linearen Laserspektroskopie im einzelnen betrachten. Linearität heißt in diesem Falle, daß die Bestrahlungsstärke der Laserstrahlung wesentlich geringer ist als die Bestrahlungsstärke, bei welcher in der Materie nichtlineare Effekte auf Grund der Änderung der Besetzungsverteilung der Niveaus (Sättigungseffekte) und Mehrquantenübergänge stattfinden.

3.2. Messung der Transmission. Die Absorptionsmethode

Daß es von großem Vorteil ist, das Absorptionsspektrum mit Hilfe von abstimmbaren Lasern zu messen, wird besonders bei der Untersuchung der Schwingungs-Rotationsspektren der Moleküle im infraroten Spektralbereich sichtbar. Die ersten Experimente wurden in den Lincoln-Laboratories in den USA mit Hilfe von kontinuierlich arbeitenden Injektionslasern durchgeführt. Das aktive Material dieser Injektionslaser waren ternäre Verbindungen [8, 35]. In Abbildung 15 ist die Absorptionslinie des Ammoniaks sP (1,0) in der Nähe von 10,6 μm dargestellt, vermessen mit einem abstimmbaren Halbleiterlaser auf der Basis der ternären Verbindung $Pb_{0,88}Sn_{0,12}Te$ [35]. Die Länge der Gaszelle betrug 10 cm, gemessen wurde bei Zimmertemperatur, die Linienbreite der Laserstrahlung war kleiner als 0,1 MHz, das heißt, die

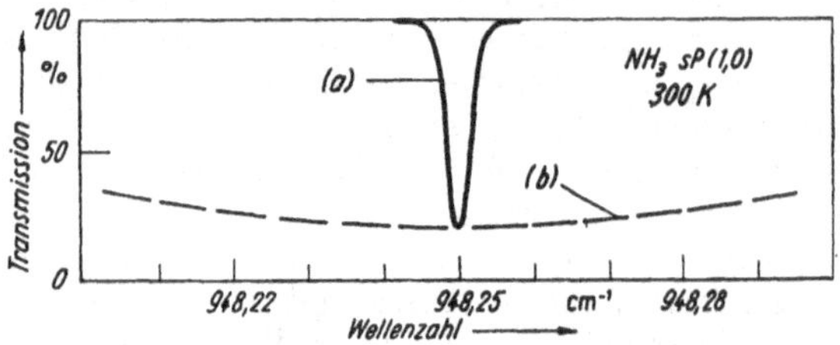

Kurve	Gerät	Auflösung	p×L
(a)	Diodenlaser	Linienbreite	0,05 T × 10 cm
(b)	Gitterspektrometer	0,2 cm⁻¹	5 T × 200 cm

Abb. 15. Experimenteller Vergleich der Darstellung der Absorptionslinie ν_2, sP (1,0) des NH_3 durch eine abstimmbare Laserdiode $Pb_{0,88}Sn_{0,12}Te$ (a) und durch ein Spektrometer mit einem Beugungsgitter (b) [35]

Auflösung des Laserspektrometers ist besser als $3{,}3 \cdot 10^{-6}$ cm^{-1}. Bei geringem Druck stimmt die Linienbreite der Absorptionslinie mit der DOPPLER-Verbreiterung des NH_3 (85 MHz) überein. Wenn man ein sehr gutes Spektrometer mit einem Beugungsgitter verwendet, welches eine Auflösung von 0,1—0,2 cm^{-1} hat, so hat das Absorptionsignal erst dann eine Amplitude, die man mit der Laserspektroskopie bei 0,05 Torr und 10 cm Küvettenlänge erhält, wenn man bei einem Druck von 5 Torr und einer Küvettenlänge von 200 cm mißt. Das bedeutet, daß zur Messung des Absorptionsspektrums mit einem sehr guten Spektrometer auf der Basis eines Beugungsgitters

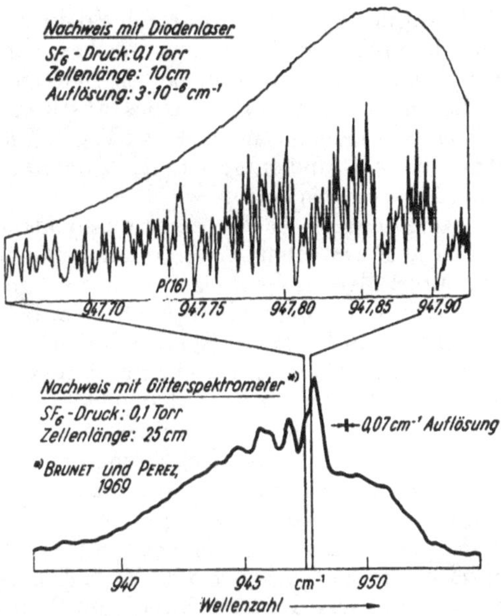

Abb. 16. Infrarotspektrum der Bande ν_3 des Moleküls SF_6, aufgenommen mit einem Gitterspektrographen mit einer Auflösung von 0,07 cm^{-1} (unten) und das Spektrum eines Teils der Bande, aufgenommen mit einem Halbleiterlaser auf der Basis einer Dreifachverbindung [8, 35]

2000 mal mehr Substanz benötigt wird. Außerdem ist die Auflösung sogar der besten Spektrometer um vieles geringer als die Breite der Absorptionslinie der Gase bei geringen Drücken (weniger als 1 Torr), falls die Verbreiterung durch den Doppler-Effekt bedingt ist. Deshalb ist die gesamte Linienstruktur innerhalb des Auflösungsintervalls des Spektrometers verwaschen. Das kann man dadurch demonstrieren, daß man das Absorptionsspektrum des Moleküls SF_6 einmal mit einem sehr guten Spektrometer auf der Basis eines Beugungsgitters, dessen Auflösung 0,07 cm^{-1} beträgt, und zum anderen mit einem Laserspektrometer mit einer frequenzabstimmbaren Laserdiode mißt (Abb. 16). Das

Molekül Schwefelhexafluorid hat im infraroten Spektralbereich ein äußerst kompliziertes Spektrum, welches man im Bereich von 950 cm^{-1} auch mit den besten Spektrometern nicht auflösen kann. Mit Hilfe eines abstimmbaren Lasers läßt es sich jedoch sehr leicht auflösen. Die Linienbreite beträgt 29 MHz und entspricht der DOPPLER-Breite von SF_6 bei Zimmertemperatur.

Damit ist also gezeigt, daß ein Laserabsorptionsspektrometer unmittelbar die Form schmaler Absorptionslinien von Atomen und Molekülen in Gasen zu vermessen gestattet. Damit ist auch eine Möglichkeit geschaffen, den Einfluß von Stößen auf die Form der Spektrallinien sich bewegender Teilchen zu bestimmen. Als ein Ergebnis von Experimenten dieser Art wurde neben dem bekannten Effekt der Stoßverbreiterung der Spektrallinien ein ganz und gar nicht trivialer Effekt — die Stoßverengung von Spektrallinien — entdeckt. Dieser Effekt wurde zuerst an den Absorptionslinien des Wassers bei 5 μm mit einem zusätzlichen Puffergas (Xe, Ar, N_2) nachgewiesen [68]. Er stellt das optische Analogon der sogenannten Dicke-verengung dar [69], die aus dem Hochfrequenz-Funkwellenbereich sehr gut bekannt ist. Von der Anwenderseite gesehen, stellt die direkte Messung der DOPPLER-Linienbreite eine Möglichkeit der Bestimmung der Masse von Molekülen dar, auch wenn deren Zusammensetzung nicht bekannt ist. Das ist wichtig für die Identifizierung von molekularen Verunreinigungen in der Umwelt mit Methoden der Laserspektroskopie.

Zur Beobachtung und Vermessung schwacher und schmaler Absorptionslinien verwendet man häufig die Methode der Registrierung der ersten Ableitung des Spektrums anstelle der Registrierung des Spektrums selbst. Damit kann man sehr schwache und schmale Linien aus dem Untergrund einer breitbandigen und intensiven Absorption herauslösen. Praktisch wird diese Methode verwirklicht durch eine zusätzliche periodische Modulation der Wellenlänge des Lasers und durch synchronen Nachweis der entstandenen Modulation der

Strahlungsintensität des durch die Probe gelaufenen Lichtes (Abb. 17). Mit dieser Methode kann man hinreichend kleine Konzentrationen von absorbierenden Molekülen nachweisen, da die Methode der ersten Ableitung hundertmal empfindlicher ist als die direkte Messung der Transmission.

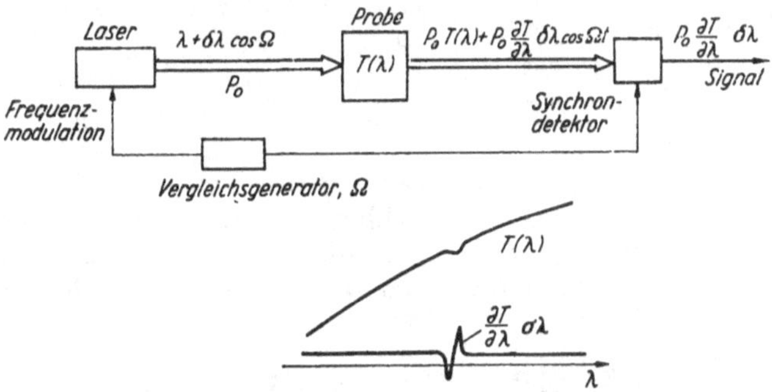

Abb. 17. Schema eines Laserspektrometers zur Registrierung der ersten Ableitung des Transmissionsspektrums nach der Frequenz

Die Grenze der Empfindlichkeit. Im Zusammenhang mit dem Problem des Nachweises atomarer und molekularer Verunreinigungen ist die Frage nach der Empfindlichkeitsgrenze der Absorptionsmethode der Laserspektroskopie von Bedeutung [70], das heißt die Frage nach der minimal nachweisbaren Zahl von Teilchen. Der Absorptionskoeffizient pro Längeneinheit der Resonanzabsorption unter den Bedingungen der homogenen Linienverbreiterung und der Stationarität ist gegeben durch

$$\varkappa = \sigma(N_1 - N_2) = \sigma \frac{N_1^0 - N_2^0}{1 + I/I_s}, \tag{3.1}$$

worin σ den Querschnitt des Strahlungsüberganges zwischen zwei Niveaus des betrachteten Überganges, N_1 und N_2 die Zahl der Teilchen pro Volumeneinheit im unteren (1) und im oberen (2) Niveau des Überganges, die sich im allgemeinen Falle von der Leerlaufverteilung im Gleichgewicht N_1^0 und N_2^0 infolge der Einwirkung eines starken Strahlungsfeldes der Bestrahlungsstärke I (W/cm^2) unterscheiden kann, und I_s die Bestrahlungsstärke, die eine Sättigung der Absorption um den Faktor 2 bewirkt, darstellen. Die Bestrahlungsstärke für die Sättigung ist gegeben durch

$$I_s = \frac{\hbar\omega}{2\sigma T_1}, \tag{3.2}$$

worin T_1 die Relaxationszeit der angeregten Teilchen in den Grundzustand ist. Durchläuft das Laserlicht mit der Eingangsleistung $P = I \cdot A$ die Absorptionszelle der Länge l, so wird es um einen Betrag geschwächt, der gegeben ist durch

$$\Delta P = \varkappa l I A; \quad \varkappa l \ll 1, \tag{3.3}$$

worin A den Strahlquerschnitt darstellt.

Die empfindlichste Methode des Nachweises kohärenter Strahlung ist der Heterodynempfang. Die Schwelle der Empfindlichkeit des Heterodynempfangs, die durch das Quantenrauschen gegeben ist, ergibt sich zu

$$P_{\min} = 4\sqrt{PP_n}, \tag{3.4}$$

worin P_n die Rauschleistung des photoelektrischen Empfängers auf Grund des Quantenrauschens ist und bestimmt ist durch

$$P_n = \frac{\hbar\omega B}{\eta} \tag{3.5}$$

mit B als Empfängerbandbreite in Hz und η als der Quantenausbeute des photoelektrischen Empfängers.

Aus den Beziehungen (3.1) bis (3.4) folgt, daß der optimale Fall für den Nachweis von Teilchen bei $I = I_s$ liegt. Vom Standpunkt der absoluten Erhöhung der

Leistungsänderung des Strahles ΔP sollte man die Bestrahlungsstärke erhöhen, jedoch nicht über den Betrag von I_s, da dann eine Aufhellung (merkliche Verminderung des Absorptionskoeffizienten) des Absorptionsüberganges stattfindet. Aus (3.1) bis (3.4) folgt, daß die minimal nachweisbare Zahl von Teilchen gegeben ist durch

$$n_{\min} = (Al)\,(N_1{}^0 - N_2{}^0)_{\min} = \frac{4T_1 P_{\min}}{\hbar\omega}. \tag{3.6}$$

Diese Beziehung wurde für eine homogene Verbreiterung des Absorptionsüberganges erhalten. Bei niedrigen Drücken, bei denen die homogene Verbreiterung $\Delta\omega_{\text{hom}}$ wesentlich geringer ist als die DOPPLER-Verbreiterung $\Delta\omega_{\text{D}}$, ergibt sich anstelle von (3.6)

$$n_{\min} = \frac{\Delta\omega_{\text{D}}}{\Delta\omega_{\text{hom}}} \cdot \frac{4T_1 P_{\min}}{\hbar\omega}. \tag{3.7}$$

Beim Nachweis von Molekülen muß berücksichtigt werden, daß sich auf dem in Resonanz mit dem Lichtfeld befindlichen Schwingungs-Rotations-Übergang gewöhnlich nur ein kleiner Teil q der Moleküle befindet. Die Größe q liegt im Bereich von 10^{-1} bei einfachen Molekülen, bis zu 10^{-3} bei komplizierten. In diesem Fall erhält man anstelle von (3.6) die Beziehung

$$n_{\min} = \frac{1}{q} \cdot \frac{4T_1 P_{\min}}{\hbar\omega}. \tag{3.8}$$

Führen wir einige zahlenmäßige Abschätzungen für atomare und molekulare Übergänge durch. Betrachten wir einen aufgelösten atomaren Übergang und verwenden einen photoelektrischen Empfänger mit den Parametern (λ, σ, T_1, η, ...), die in Tabelle 6 angeführt sind.

Die Bestrahlungsstärke der Laserstrahlung sollte in der Küvette mit dem absorbierenden Gas den Wert der Sättigungsleistung I_s (etwa 5 W/cm²) nicht übersteigen. Bei einer solchen Bestrahlungsstärke kann man 10^2 Atome im bestrahlten Volumen registrieren, im Falle eines Schwingungs-Rotations-Überganges eines Moleküls und dem entsprechenden Heterodynempfang auf der Basis der Photoleitfähigkeit beträgt die minimale Zahl der nachweisbaren Moleküle $3 \cdot 10^8$ und liegt somit wesentlich über dem Wert für die Atome. Das liegt an der wesentlich

Tabelle 6

Minimale Zahl von Atomen und Molekülen, die mit der Methode der Laser-Absorptions-Spektroskopie nachweisbar sind

Parameter	Atom	Molekül
λ	5000 Å	5 µm
T_1	10^{-8} s	$2 \cdot 10^{-4}$ s
σ	$4 \cdot 10^{-12}$ cm²	$4 \cdot 10^{-16}$ cm²
A_{21}	10^8 s^{-1}	10 s^{-1}
B	1 Hz	1 Hz
η	0,1	0,2
P_n	$4 \cdot 10^{-18}$ W	$3 \cdot 10^{-19}$ W
P_{min} (bei $P = 10^{-2}$ W)	$8 \cdot 10^{-10}$ W	$2 \cdot 10^{-10}$ W
I_s	5 W/cm²	0,5 W/cm²
q	1	0,01
n_{min}	10^2	$3 \cdot 10^8$

langsameren Relaxation der Moleküle und der geringen relativen Besetzung der Übergangsniveaus. Im beliebigen Falle sind jedoch in einem Volumen von 1 cm³ bei einem Gasdruck von einigen Zehn Torr mit der Methode der Laser-Absorptions-Spektroskopie immerhin relative Molekülkonzentrationen von 10^{-9} nachweisbar.

Somit kann also festgehalten werden, daß die Laser-Absorptions-Spektroskopie gegenüber der üblichen Spektroskopie zwei wesentliche Vorteile hat:

1. Die Realisierung der Grenzauflösung, die gegeben ist durch die Verbreiterung der Absorptionslinien im Gas und nicht durch die Apparatefunktion des Gerätes.

2. Die Möglichkeit, äußerst schwache Absorptionslinien zu registrieren, was entweder die Verwendung sehr ge-

ringer Substanzmengen zur Messung der Spektren bei intensiven Linien oder die Beobachtung äußerst schwacher Linien bei Verwendung von den in der Absorptionsspektroskopie normalen Mengen gestattet.

Im Zusammenhang soll hier noch auf die relativ einfache Beobachtung und Vermessung „verbotener" molekularer Übergänge mit den Methoden der Laserspektroskopie hingewiesen werden. So benötigte HERZBERG zur Beobachtung der verbotenen Schwingungs-Rotationslinien der homonuklearen Molekel H_2 im Gebiet 11300 Å bis 12400 Å (2-0-Bande) und 8000 Å bis 8600 Å (3-0-Bande) einen optischen Weg von 10 bis 50 km/atm [71]. Zur Absorptionsmessung dieser Linien mit Hilfe der Laserspektroskopie wird nur ein Millionstel dieses optischen Weges benötigt.

3.3. *Die Methode der Intra-Cavity-Absorption*

Eine hochempfindliche Lasermethode zur Beobachtung schwacher Absorptionslinien beruht darauf, daß in den Resonator eines Vielmodenlasers mit breiter Verstärkerkurve des aktiven Materials Substanzen eingebracht werden, die eine schwache Absorptionslinie innerhalb der Verstärkerkurve des Lasermaterials aufweisen. Diese Methode wurde in der Arbeit [72] vorgeschlagen und dort mit Experimenten unter Verwendung von gepulsten Neodymglaslasern demonstriert. Das Prinzip dieser Methode ist in Abbildung 18 dargestellt. Wenn die Probe mit den schwachen Absorptionslinien außerhalb des Resonators eines Vielmodenlasers mit sehr breitbandiger Strahlung angebracht wird, so kann man mit einem üblichen Spektralgerät eine Verringerung der Intensität bei einzelnen Frequenzen nur dann nachweisen, wenn mindestens 1% der auffallenden Intensität absorbiert wird. Wenn diese Probe jedoch im Inneren des Resonators aufgestellt wird, so führt eine schwache Absorption zur Umverteilung der Intensität zwischen den verschiedenen Moden. Moden, die innerhalb der schwachen Absorptionslinien liegen, können bei geeigneten Bedingungen unterdrückt werden, das heißt, es erfolgt eine selektive Modenauslöschung. Das führt zur Ausbildung schmaler und tiefer Einbuchtungen im Spektrum der

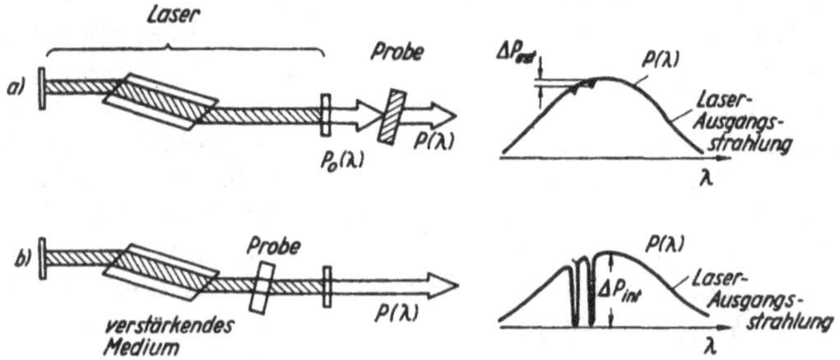

Abb. 18. Vergleich der Registrierung einer schwachen Absorption beim Aufstellen der Küvette außerhalb des Resonators (a) und innerhalb des Resonators (b) eines Vielmodenlasers

Laserstrahlung, die man sehr einfach mit einem gewöhnlichen Spektrographen nachweisen kann. Die beschriebene Methode ist effektiv anwendbar in Lasern mit einem breiten Verstärkungsband, in denen die Existenz einer großen Zahl axialer Moden möglich ist. Bekanntlich schwingen in gepulsten Lasern und in Lasern mit kontinuierlichem Betrieb mit breitem Verstärkungsband (Neodymglaslaser, Farbstofflaser) eine große Zahl von axialen Moden (10^3-10^5) an, wenn keine speziellen Methoden zur Spektreneinengung angewandt werden. Im gepulsten Laser entwickelt sich eine große Zahl von Moden im wesentlichen unabhängig voneinander. Im quasistationären oder stationären Betrieb bestehen sehr viele axiale Moden gleichzeitig nebeneinander, entweder auf Grund der inhomogenen Verbreiterung der Verstärkerlinie oder wegen einer räumlich inhomogenen Wechselwirkung der Moden mit unterschiedlicher Feldverteilung im aktiven Material oder auch wegen der gleichzeitigen Wirkung beider Effekte.

In gepulsten Lasern sollte zur Beobachtung von schwachen Absorptionslinien das Licht beim vielfachen Durchlauf durch den Resonator und damit auch durch die Probe innerhalb der Zeit der stimulierten Emission t_{Gen} um den Faktor e geschwächt werden. Dann ergibt sich der theoretisch gerade noch nachweisware Absorptionskoeffizient zu

$$\varkappa_{\mathrm{int}} \approx \frac{1}{ct_{\mathrm{Gen}}} \cdot \frac{L}{\mathrm{e}}, \tag{3.9}$$

worin c die Lichtgeschwindigkeit, l die Länge der Probenzelle und L die Länge des Resonators sind. Die Empfindlichkeitserhöhung der Intra-Cavity-Methode im Vergleich zur Methode, bei der der Laserstrahl einmal durch die Probe außerhalb des Resonators läuft ($\varkappa_{\mathrm{ext}} = 1/l$) ist gegeben durch

$$S = \frac{\varkappa_{\mathrm{ext}}}{\varkappa_{\mathrm{int}}} = \frac{ct_{\mathrm{Gen}}}{L}. \tag{3.10}$$

Mit einem Neodymglaslaser zum Beispiel im freilaufenden Betrieb ($t_{\mathrm{Gen}} = 10^{-3}$ s) kann man äußerst schwache Linien der Moleküle NH_3, NH_3, CO_2, C_2H_2, C_2HD, H_2O und anderer in kombinierten Schwingungs-Rotations-Übergängen im Gebiet von 9380 cm^{-1} bis 9480 cm^{-1} mit einem Absorptionskoeffizienten von 10^{-7} cm^{-1} beobachten, das heißt eine Erhöhung der Empfindlichkeit von $S = 10^5$ erreichen [73]. In Experimenten zur Untersuchung von Mikrokonzentrationen von Atomen (mit dieser Intra-Cavity-Methode) an Hand der Absorptionslinien innerhalb der Verstärkerbandbreite eines Farbstofflasers mit einer Dauer des Laserimpulses von 10^{-7} s bis 10^{-6} s wurde eine wesentlich geringere Erhöhung der Empfindlichkeit von $S = 10^2 - 10^3$ erreicht (Experimente mit Na [74] und mit Cs [75]).

Im kontinuierlichen Laserbetrieb beträgt der Faktor der Empfindlichkeitserhöhung, das heißt die Vertiefung der Einbuchtung im Spektrum für den Fall, daß sich die Probe innerhalb des Resonators befindet, im Vergleich zu jenem, bei welchem sie außerhalb des Resonators angebracht ist,

$$S = 2\,m\,\frac{\alpha_0}{\gamma(\alpha_0 - \gamma)} \tag{3.11}$$

mit α_0 als ungesättigte Verstärkung pro Resonatordurchgang, γ als die nichtselektiven Verluste pro Resonatordurchgang und m als Verhältnis der Zahl der anschwingenden axialen Moden zur Zahl der unterdrückten axialen Moden, das heißt als Verhältnis der Verstärkerbandbreite zur Breite der Einbuchtung im Spektrum der Laserstrahlung. Der erste Faktor beschreibt den wichtigsten Effekt — die Erhöhung der Empfindlichkeit auf Grund der inhomogenen Verstärkung, die der Anzahl der anschwingenden Moden proportional ist. Der zweite Faktor beschreibt den Effekt der Erhöhung der Empfindlichkeit im Falle der homogenen Verbreiterung oder des Einmodenlasers. Der zweite Faktor führt nur in der Nähe der Schwelle ($\alpha_0 = \gamma$) zu einem Gewinn an Empfindlichkeit. Der Ausdruck (3.11) ist nur gültig bei geringer Überhöhung der Verstärkung über die Schwelle. Eine Verallgemeinerung dieses Ausdruckes für den Fall einer wesentlichen Schwellenüberhöhung, bei dem sich die Wechselwirkung zwischen den einzelnen Moden erhöht, ist in [77] durchgeführt worden. Prinzipiell kann bei einer Erhöhung des Faktors S bis zu sehr großen Werten (10^5 — 10^6 und darüber) eine Begrenzung der Empfindlichkeit auf Grund zweier zusätzlicher Effekte, die in der einfachen Beziehung (3.11) nicht berücksichtigt sind, eintreten. Erstens kann die spontane Strahlung in die Moden den Effekt überdecken, so daß keine völlige Auslöschung der Moden bei sehr schwacher Absorption erfolgt [78]. Zweitens kann ein Abbrechen der kontinuierlichen Emission auf fixierten Moden auf Grund technischer Störungen des Resonators erfolgen. In diesem Fall muß statt (3.11) die Beziehung (3.9) verwendet werden, in der unter t_{Gen} die mittlere Zeit der ununterbrochenen stimulierten

Emission einer vorgegebenen Mode zu verstehen ist.

Im kontinuierlichen Betrieb mit einem glatten Verlauf des Spektrums der Laserstrahlung kann man sehr hohe Empfindlichkeiten erreichen. So wurde zum Beispiel in den ersten Experimenten mit einem kontinuierlichen Farbstofflaser eine Erhöhung der Empfindlichkeit bei der Registrierung der Absorptionslinien des Moleküls I_2 von 10^5 erreicht [76]. In Abbildung 19 ist das Spektrum schwacher Absorptionslinien der Luft im Bereich von 5800 Å bis 6200 Å gezeigt, welches mit einem kontinuierlichen Farbstofflaser unter Laboratoriumsbedingungen erhalten wurde [79]. Zum Vergleich ist das Absorptionsspektrum der Atmosphäre in demselben Spektralbereich angegeben, wie es in [80] über der Meeresoberfläche bei einem optischen Weg von 16 km erhalten wurde. Dieser Vergleich demonstriert sehr anschaulich die Effektivität der Intra-Cavity-Spektroskopie.

Auf den ersten Blick scheint es, daß die Intra-Cavity-Methode nur schlecht für die quantitative Analyse geeignet ist. Das ist jedoch nicht so. In der Arbeit [73] ist gezeigt worden, daß durch Registrierung des Strahlungsspektrums des Lasers zu zwei aufeinanderfolgenden Zeiten t und $t + \Delta t$, die sich durch eine Änderung der Tiefe der Einbuchtung im Spektrum um das e-fache unterscheiden, hinreichend gut der absolute Wert der selektiven Absorption bestimmt werden kann:

$$\varkappa_{\text{sel}} = \frac{1}{c\,\Delta t}. \tag{3.12}$$

Abschließend sei gesagt, daß die Methode der Intra-Cavity-Spektroskopie sehr aussichtsreich für die Registrierung von schwachen Absorptionslinien (und auch von schwachen Verstärkerlinien) kurzlebiger (10^{-6} s — 10^{-3} s) Zwischenprodukte chemischer Reaktionen, Radikale und instabiler Moleküle ist.

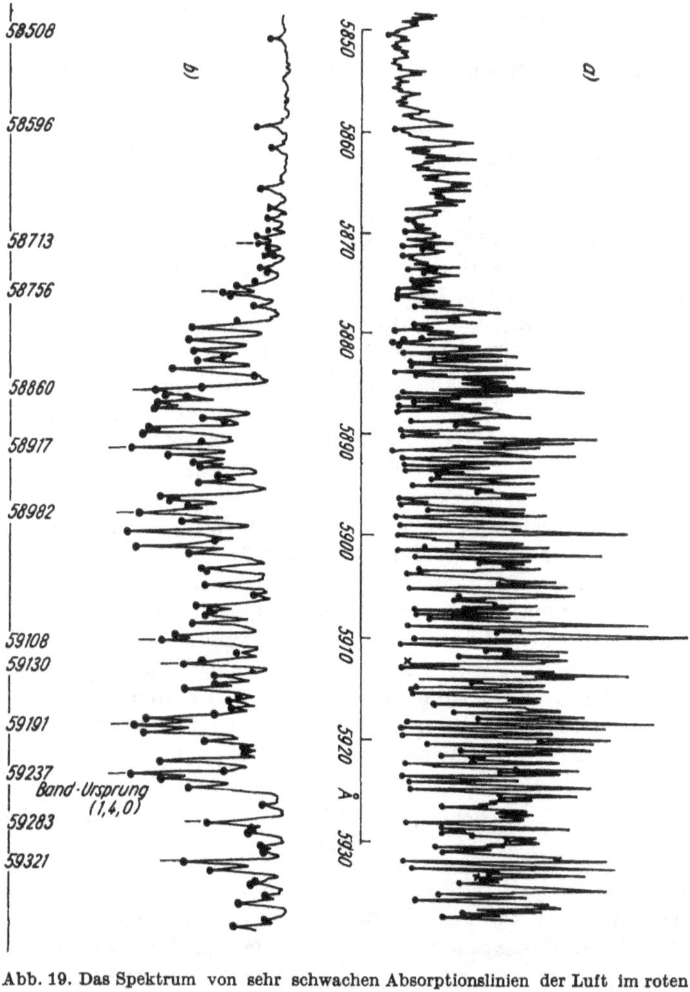

Abb. 19. Das Spektrum von sehr schwachen Absorptionslinien der Luft im roten Spektralbereich, aufgenommen mit der Methode der Intra-Cavity-Absorption unter Laborbedingungen [79] (a) und durch Transmissionsmessung in der Atmosphäre über einer Meeresbucht der Länge 16 km [80] (b)

3.4. *Die opto-akustische Methode*

Die opto-akustische Methode der linearen Spektroskopie beruht auf dem sogenannten opto-akustischen Effekt, der von Bell, Tyndall und Röntgen im vorigen Jahrhundert entdeckt wurde [81].

Der Effekt tritt als Pulsation des Druckes eines Gases in einem abgeschlossenen Volumen bei der Absorption von infraroter Strahlung, die mit einer Schallfrequenz moduliert ist, in Erscheinung. In der Folge wurde dieser Effekt von Weingerow [82] allseitig untersucht und von ihm als Gasanalysator zur qualitativen und quantitativen Analyse von Gasgemischen eingesetzt. Eine wesentliche Verbesserung dieser Methode wurde in der Arbeit [83] durchgeführt, in der man anstelle dieser monochromatisierten Strahlung einer thermischen Lichtquelle Laserstrahlung im infraroten Spektralbereich verwendet hat (die Strahlung eines He—Ne-Lasers bei 3,39 μm, die mit einer Absorptionslinie des CH_4 zusammenfällt). Die hohe spektrale Leistungsdichte des Lasers war die Grundlage für die um einige Größenordnung höhere Empfindlichkeit des Nachweises von Absorptionslinien.

Bei Übereinstimmung der Frequenzen eines Lasers mit der Absorptionslinie eines Gases, zum Beispiel von Molekülen bestimmter Verunreinigungen in Gasen, erfolgt eine Absorption. Der Betrag der absorbierten Strahlung ΔP wird durch den Ausdruck (3.3), ihre Abhängigkeit von der Strahlungsleistung durch die Beziehungen (3.1) und (3.2) gegeben.

Die Rückkehr der Moleküle aus dem angeregten Zustand in den Grundzustand erfolgt auf zwei Wegen:

1. durch strahlungslose Schwingungs-Translations-Relaxation mit der Zeitkonstanten T_{V-T}, die zu einer Erwärmung des Gases führt;
2. durch strahlende Relaxation mit der Zeitkonstanten T_{rad}.

Für die Mehrzahl der Moleküle gilt bei einem Druck von

mehr als 1 Torr die Beziehung $T'_{v-T} \ll T_{\text{rad}}$, und folglich wird der größere Teil der absorbierten Energie in Wärme umgesetzt, wodurch eine Änderung des Druckes hervorgerufen wird. Die Veränderung des Gasdruckes wird über eine empfindliche Membran nachgewiesen, die ein Element eines Kondensatormikrophons ist. Eine solche Konstruk-

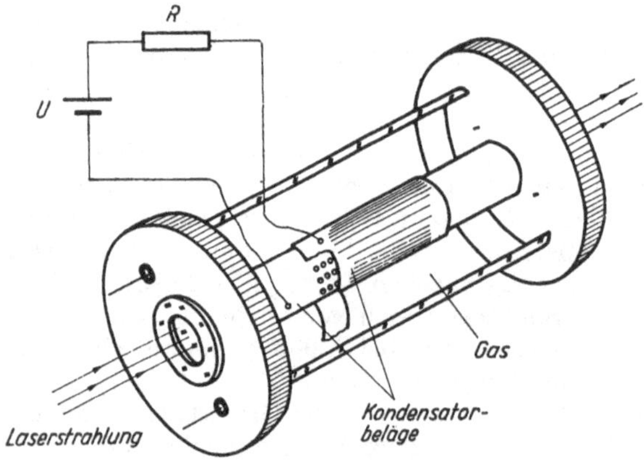

Abb. 20. Aufbau eines Kondensatormikrofons für die opto-akustische Methode der Spektroskopie

tion ist in Abbildung 20 dargestellt. Die metallische Oberfläche der inneren Röhre und die Oberfläche der aufgedampften Schicht, die die Röhre umgibt, bilden die beiden Belegungen eines zylindrischen Kondensators. Bei der Änderung des Gasdruckes ändert sich der Abstand zwischen den Kondensatorbelegungen, das heißt seine Kapazität. Die opto-akustische Zelle kehrt nach der Zeit T_{rel} in ihren Ausgangszustand zurück, die gewöhnlich durch die Zeit der Abkühlung des Gases an den Zellenwänden bestimmt wird. Um Druckschwingungen mit maximaler Amplitude zu erreichen, darf die Modulationsfrequenz Ω den reziproken Wert dieser Relaxationszeit nicht überschreiten. Bei einem Durchmesser der Gaszelle von einigen Zentimetern beträgt die charakteristische Zeit für die Abkühlung des Gases durch Diffusion der Moleküle zur Wand $T_{rel} = 10^{-3}$ s. Üblicherweise wählt man die Modulationsfrequenz der Strahlung im Bereich von 10^2 Hz bis 10^3 Hz.

Die Empfindlichkeit eines Kondensatormikrophons läßt den Nachweis einer absorbierten Leistung von $P_{min} = 10^{-8}$ W – 10^{-9} W bei einer Absorptionslänge von $l = 10$ cm und einer Bandbreite des Detektorsystems von $B = 1$ Hz [83] mit Sicherheit zu. Die physikalische Schwelle für die Empfindlichkeit ist gegeben durch das Brownsche Rauschen des Mikrophons auf Grund der Wärmebewegung der Teilchen des Gases. In einer sorgfältig ausgeführten Mikrophonkonstruktion übersteigt P_{min} diese Grenze nicht mehr als um ein bis zwei Größenordnungen [83].

Der minimale nachweisbare Absorptionskoeffizient $\varkappa_{min}$ ergibt sich bei einer Leistung von $P \ll AI_s$, das heißt sehr weit vor der Sättigung, nach (3.3) zu

$$\varkappa_{min} = \frac{1}{l} \frac{P_{min}(l)}{P} = \frac{\mathcal{P}_{min}}{P} \tag{3.13}$$

mit $\mathcal{P}_{min}$ als der minimalen nachweisbaren Leistung, die im Volumen pro Längeneinheit der opto-akustischen Zelle absorbiert wird. Hat zum Beispiel die opto-akustische Zelle eine Länge von 10 cm und liegt P_{min} bei 10^{-9} W sowie die Laserleistung bei $P = 1$ W, so kann man sehr schwache Linien mit einem Absorptionskoeffizienten von $\varkappa_0 = 10^{-10}$ cm^{-1} noch nachweisen. Die optimale Bestrahlungsstärke liegt bei $I = I_s$, bei welcher der Absorptionsübergang beginnt, sich aufzuhellen. Bei einer weiteren Erhöhung der Leistung vergrößert sich das nützliche Signal nur um den Faktor zwei auf Kosten einer starken Erhöhung der Leistung. In diesem Sinne ist auch das angegebene Optimum zu verstehen. Für diesen optimalen Fall kann man die minimale Zahl der im Volumen des Lichtstrahles nachweisbaren Moleküle angeben:

$$n_{\min} = N_0^{\min} A\, l = \frac{4P_{\min} T_1}{\hbar\omega}, \tag{3.14}$$

die natürlich mit der früher angegebenen Beziehung (3.6) für die Absorptionsmethode zusammenfällt, abgesehen von der Methode des Nachweises der absorbierten Energie.

Die Zahl $n_{\min}$ hängt nicht von der Stärke (oder der Größe des Absorptionsquerschnittes) des Absorptionsüberganges ab. Physikalisch kann man das mit der Wahl der Strahlungsleistung $P = AI_s$ erklären. Für schwache Übergänge ist die für die Grenze (3.14) geforderte Leistung sehr groß, für starke Linien entsprechend geringer. Jedes Molekül ist in der Lage, die Leistung $\frac{\hbar\omega}{T_1}$ zu absorbieren und in Wärme umzuwandeln, unter der Bedingung, daß die Pumpquelle nach dem Relaxationsprozeß hinreichend schnell seine erneute Anregung gewährleistet. Die Höhe der minimal nachweisbaren Wärmeabgabe im opto-akustischen Detektor bestimmt direkt die minimale Zahl der nachweisbaren Moleküle. Für einen starken Schwingungsübergang beträgt der Absorptionsquerschnitt $\sigma = 10^{-16}\,\text{cm}^2$ bei einer Wellenlänge von $10\,\mu\text{m}$. Dann kann man bei einer Zeitkonstanten der Schwingungsrelaxation — in Anwesenheit eines zusätzlichen Puffergases — von $T_1 = 10^{-7}\,\text{s}$ mit einer opto-akustischen Zelle, die ein $P_{\min} = 10^{-9}\,\text{W}$ hat, $n_{\min} = 2 \cdot 10^4$ erreichen, wobei $P/A = I_s = 10^3\,\text{W/cm}^2$ beträgt. Das entspricht dem Nachweis einer Absorption mit einem Absorptionskoeffizienten von $\varkappa_{\min} = 2 \cdot 10^{-11}\,\text{cm}^{-1}$. Die hohe Empfindlichkeit der opto-akustischen Methode bei gleichzeitiger Verwendung eines Infrarot-Lasers mit abstimmbarer Frequenz ergibt ein hervorragendes Instrument zum Nachweis von Verunreinigungen der Luft in geringsten Konzentrationen. So wurde zum Beispiel der Nachweis von NO-Molekülen mit Hilfe eines Spin-Flip-Lasers im kontinuierlichen Betrieb im Gebiet von 1815 cm^{-1} bis 1825 cm^{-1} mit einer Konzentration von 10^{-8} [7, 84] erreicht.

Beim Nachweis solcher schwachen Absorptionslinien treten Begrenzungen auf durch schwache Absorptionen der Ausläufer starker Absorptionslinien, durch das Vorhandensein unkontrollierbarer Verunreinigungen in der Zelle, die ebenfalls einen Beitrag zur Absorption liefern, sowie durch ein opto-akustisches Signal von den Küvettenfenstern, die eine schwache Absorption aufweisen. Den zuletzt genannten Effekt kann man im Impulsbetrieb beseitigen, indem man einen kurzen Strahlungsimpuls auf die Küvette sendet und nur vom zentralen Teil der Küvette ein opto-akustisches Signal nachweist. Im Impulsbetrieb hat das Signal eine endliche Anstiegs- und Abfallzeit. Der Anstieg des Signals wird bestimmt durch die Zeitkonstante der Schwingungs-Translations-Relaxation der Moleküle, der Abfall durch die Zeitkonstante des elektronischen Meßsystems. Daraus kann man die Relaxationszeit der Schwingungsanregung in Wärmeenergie bestimmen. Im Impulsbetrieb ohne Datenspeicherung liegt ein erreichbarer Wert von $\varkappa_{min} = 10^{-9}$ cm^{-1} bei 1 Ws Eingangsenergie durchaus im Bereich des Möglichen [85]. Mit dieser Methode wurden mit Hilfe eines gepulsten HF-Lasers, der eine Strahlung bei 2,7 µm liefert, Moleküle der Sorte HF, NO und CO_2 bei einer relativen Konzentration von 10^{-6} in der Luft nachgewiesen. In Abbildung 21 ist die experimentelle Abhängigkeit des nachweisbaren Absorptionskoeffizienten von der Impulsenergie des HF-Lasers, wie sie in [85] erhalten wurde, dargestellt. Der Anstieg der Charakteristik entspricht einer Empfindlichkeit von 10^{-9} cm^{-1} bei einer Impulsenergie von 1 Ws. Bei Erhöhung der Impulsenergie erfolgt Sättigung des Überganges, wodurch die Grenze der Empfindlichkeit erreicht wird. Eine solche Abhängigkeit wurde in [86] mit einem CO_2-Laser an CO_2-Molekülen erhalten und ist ebenfalls in Abbildung 21 dargestellt. Es sei hier erwähnt, daß die Messung einer solchen Abhängigkeit eine handhabbare und einfache Methode zur Bestimmung der Sättigungsenergie schwacher molekularer Übergänge ist.

Bis zum gegenwärtigen Zeitpunkt wird die optoakustische Methode nur bei der Untersuchung von infraroten Schwingungsübergängen in Molekülen benutzt. Dieser Umstand ist durch die Forderung bedingt, daß

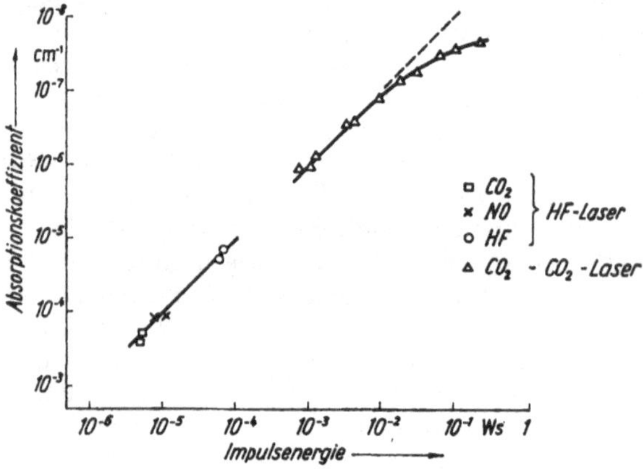

Abb. 21. Abhängigkeit der Nachweisempfindlichkeit der Molekülabsorption von HF, NO und CO_2 mit der gepulsten opto-akustischen Methode von der Impulsenergie des CO_2-Lasers bei einem Durchmesser des Laserstrahls von 5 mm (nach Angaben der Arbeiten [85, 86])

die angeregten Teilchen ihre Energie in Form von Wärme abgeben müssen. Man kann jedoch eine erfolgreiche Ausdehnung dieser Methode in den sichtbaren Spektralbereich durch Anregung höherer Schwingungs-Obertöne der Schwingungsübergänge von Molekülen (vom Typ H_2, HD, HF und anderen) erwarten. Möglich ist eine erfolgreiche Anwendung dieser Methode in der Spektroskopie schwacher Absorptionslinien kondensierter Materie, insbesondere in der Infrarotspektroskopie von Oberflächenzuständen.

3.5. Die Fluoreszenzmethode

Die Fluoreszenzmethode beruht auf der Beobachtung der aus der Laserstrahlung absorbierten Energie an Hand der Fluoreszenz der angeregten Teilchen der Probe. Ihr Anwendungsgebiet liegt in der Untersuchung von Quantenübergängen in Atomen und Molekülen, die durch einen Zerfall der angeregten Zustände durch Strahlung gekennzeichnet sind. Für die Absorptionsmethode (Abschn. 3.2. und 3.3.) ist das weitere Verhalten der bei der Absorption angeregten Moleküle unwesentlich, bei der opto-akustischen Methode (Abschn. 3.4.) ist es wichtig, daß die Anregungsenergie der Teilchen zum größten Teil strahlungslos in Wärme übergeht, und für die hier betrachtete Fluoreszenzmethode ist es wünschenswert, daß der Relaxationsprozeß aus den angeregten Zuständen vor allem durch Strahlung erfolgt. In diesem Sinne ist die Fluoreszenzmethode eine Ergänzung zur opto-akustischen Methode, und im Prinzip sind beide Methoden zusammen bei einem beliebigen Übergangstyp anwendbar.

Die Empfindlichkeit der Fluoreszenzmethode kann aus einfachen Überlegungen abgeleitet werden. Betrachten wir die Fluoreszenzstrahlung, die aus dem vom Laser bestrahlten Gebiet $V_{Fl} = lA$ (l — Länge dieses Gebietes, A — Fläche des Strahlquerschnittes) durch ein Nachweissystem, welches den Raumwinkel $\Delta\Omega$ erfaßt, auf einen photo-elektrischen Detektor mit der Quantenausbeute η geschickt wird. Die Quantenausbeute der Fluoreszenz der Teilchen ist $\xi_{Fl} = T_1 A_{21}$, worin T_1 die Relaxationszeit des angeregten Zustandes und A_{21} die Rate des Strahlungszerfalls des angeregten Zustandes beschreiben. Wenn P_{min} die minimale Fluoreszenzleistung, die durch den photo-elektrischen Empfänger nachweisbar ist, darstellt, so ergibt sich die mit der Fluoreszenzmethode minimale nachweisbare Zahl von Teilchen durch die Beziehung

$$\xi_{Fl} \cdot \xi_{geom} \cdot V_{Fl} \cdot \varkappa(I) \cdot P = P_{min} \qquad (3.15)$$

mit $\xi_{\text{geom}} = \Delta\Omega/4\pi$ als dem geometrischen Faktor für die Effektivität der Sammlung des Fluoreszenzlichtes und $\varkappa(I)$ als dem Absorptionskoeffizienten pro Längeneinheit, wie er durch Gleichung (3.1) gegeben ist. Im optimalen Falle, bei $I = I_s$, erhält man für die minimale Zahl der nachweisbaren Teilchen

$$n_{\min} = N_0^{\min} V_{\text{Fl}} \frac{4T_1 P_{\min}}{\hbar\omega_{\text{L}}\xi_{\text{Fl}}\xi_{\text{geom}}}. \tag{3.16}$$

Da in diesem Falle auf den Photoempfänger nicht die intensive Anregungsstrahlung fällt, ist die minimale nachweisbare Leistung bestimmt durch die Rauschleistung des Photoempfängers, wie sie sich durch das Quantenrauschen P_n, gegeben durch die Beziehung (3.5), ergibt. Damit erhält man sofort für $n_{\min}$

$$n_{\min} = 4 \cdot \frac{B}{A_{21}} \cdot \frac{\omega_{\text{Fl}}}{\omega_{\text{L}}} (\eta\xi_{\text{geom}})^{-1}, \tag{3.17}$$

worin ω_{Fl} und ω_{L} die Frequenzen der Fluoreszenzstrahlung und der Laserstrahlung darstellen und B die Bandbreite des Empfängers in Hz. Auf diese Weise wird die Empfindlichkeit der Methode durch die geringe Quanteneffektivität des Photoempfängers und den geometrischen Faktor um zwei bis drei Größenordnungen verringert, sie kann jedoch völlig kompensiert werden durch den Faktor B/A_{21}, das heißt durch die Mehrfachabsorption und -fluoreszenz von Photonen innerhalb der Zeit der Registrierung $1/B$. Daraus wird klar, daß bei Abwesenheit anderer Ursachen für die Einschränkung der Empfindlichkeit die Fluoreszenzmethode im Prinzip das Erreichen der Empfindlichkeitsgrenze gewährleistet, wie sie dem Nachweis eines Teilchens im Quantenzustand innerhalb des untersuchten Gebietes entspricht.

Die Anregung der Atomfluoreszenz durch Laserstrahlung ist bis heute nur bei einer Reihe von Elementen des Periodensystems gelungen, und zwar bei denen, deren Absorptionslinien heute mit abstimmbaren Farbstofflasern erreicht werden können. (Na [6]; Mg, Ni, Pb [87]). Bei den Natriumatomen ist eine sehr hohe Empfindlichkeit erreicht worden, die alle anderen optischen Nachweismethoden in der Empfindlichkeit bei weitem übersteigt. In Tabelle 7 sind die Werte für die Nachweisgrenze von Natrium mit verschiedenen optischen Methoden angegeben [6].

Tabelle 7
Empfindlichkeitsgrenzen für den Nachweis von Natrium mit verschiedenen Methoden [6]

Methode	Schwelle in Atome/cm^3
Atomabsorption:	
Hohlkathodenlampe	$3{,}2 \cdot 10^{14}$
Impulsfarbstofflaser (Zelle innerhalb des Resonators)	$5{,}4 \cdot 10^{10}$
Atomfluoreszenz:	
Hohlkathodenlampe	$9 \cdot 10^{14}$
Natriumdampflampe	$1{,}4 \cdot 10^{13}$
Impulsfarbstofflaser	$8{,}2 \cdot 10^{10}$
Farbstofflaser im kontinuierlichen Betrieb	$2{,}7 \cdot 10^{6}$

Es sei bemerkt, daß die mit der Laseranregung erreichte Schwelle der Empfindlichkeit bei weitem nicht die physikalische Grenze ist, sondern im wesentlichen nur bedingt ist durch die Parameter der verwendeten Laser. Prinzipiell kann man in Gasen mit sehr niedrigem Druck oder im Atomstrahl ein einzelnes Atom nachweisen. Durch die Fluoreszenz wäre die Bahn seiner Bewegung zu verfolgen; auf einer Bahnlänge von 1 cm kann ein Atom innerhalb von 10^{-4} s etwa 10^4 bis 10^5 Photonen absorbieren und reemittieren, was für die Sichtbarkeit seiner Bahn völlig ausreicht. Natürlich wird diese Bahnkurve durch das „Meßgerät“ (die anregende Lichtwelle) auf Grund des Rückstoß-Effektes verzerrt.

Aus der Sicht der Analyse hat die laserangeregte Fluoreszenz folgende nützliche Besonderheit. Bei starker Sättigung des Anregungsüberganges ($I \gg I_s$) wird die Fluoreszenzintensität unabhängig von der Anregungsintensität. Demzufolge führen in diesem Gebiet die Fluktuationen der Laserstrahlung nicht zu Fluktuationen des Fluoreszenzsignals.

Wenn Spuren einer Atomsorte in irgendeinem anderen Gas mit sehr viel höherer Konzentration nachgewiesen werden sollen, dann entsteht ein Untergrundsignal, welches durch die RAYLEIGH-Streuung an den nichtresonanten Teilchen hervorgerufen wird und die Nachweisempfindlichkeit auf einen höheren Wert anhebt, als er durch die Beziehung (3.17) ausgewiesen wird. Es gibt einige Methoden zur Unterdrückung dieses Effektes. Erstens kann man die Fluoreszenz bei einer verschobenen STOKES-Frequenz beobachten, wenn die Anregung hinreichend hoch ist, oder bei der Anti-STOKES-Frequenz bei einer Anregung von Atomen mit der Laserstrahlung, welche vorher in ein metastabiles Niveau angeregt worden sind. Zweitens kann man die Fluoreszenz mit Strahlungsimpulsen der Länge τ_L, die wesentlich kürzer ist als die Relaxationszeit des angeregten Zustandes T_1, anregen und das Signal erst nach Beendigung des Anregungsvorganges aufnehmen. Auf diese Weise wird die trägheitslose RAYLEIGH-Streuung, die nur während der Zeit des Anregungsimpulses τ_L vorhanden ist, aus dem Signal ferngehalten.

Noch bessere Möglichkeiten ergeben sich bei der Anwendung der Fluoreszenzmethode zum Nachweis von Molekülen. Auf Grund der hohen Empfindlichkeit der Methode kann man Experimente zum Nachweis von Produkten chemischer Reaktionen, die in Molekularstrahlen ablaufen, durchführen [10]. Hier ist die Empfindlichkeit der Methode der laserangeregten Fluoreszenz vergleichbar mit der Empfindlichkeit der besten Massenspektrometer. Im Unterschied zu den letzteren ist der Laser-Fluoreszenz-Detektor ein äußerst selektiver Empfänger, der die Moleküle in einem bestimmten Quantenzustand

(Elektronen-Schwingungs-Rotations-Zustand) registriert. So wurden zum Beispiel in [88] mit der Fluoreszenzmethode im Ungleichgewicht befindliche BaO-Moleküle untersucht, die bei der chemischen Reaktion Ba + O_2 → BaO + O entstehen. Mit einem bei weitem noch nicht optimalen Impulsfarbstofflaser konnten $5 \cdot 10^4$ BaO-Moleküle in 1 cm^3 in einem bestimmten Schwingungs-Rotationszustand (v, J) nachgewiesen werden. Heute besteht die Möglichkeit, mit verbesserten Farbstofflasern im kontinuierlichen Betrieb diese Empfindlichkeit um einige Größenordnungen zu erhöhen.

Die Methode der laserangeregten Fluoreszenz von Teilchen in einem Molekularstrahl ist ideal für die Messung von mikrophysikalischen (elementaren) Konstanten der Reaktionsgeschwindigkeit chemischer Reaktionen geeignet, ohne daß über alle Zustände der Gleichgewichtsverteilung zu mitteln ist [10]. Die Laserstrahlung sondiert die Anwesenheit von Teilchen in einem vorgegebenen Quantenzustand bis zu dem Moment, in welchem durch Stoß die Relaxation in den Gleichgewichtszustand erfolgt. Zur Verdeutlichung ist in Abbildung 22 die Verteilung über die Schwingungsniveaus der BaX-Reaktion Ba + HX → BaX + H (X sei ein Halogen) dargestellt, wie sie in entsprechenden Experimenten [89] erhalten worden ist. Die Schwingungsverteilung ist keine Boltzmann-Verteilung und hat mit Ausnahme von BaF eine glatte glockenförmige Gestalt, was deutlich auf die Bildung einer Besetzungsinversion hinweist. Außerdem kann man aus Daten dieser Art die Energieanteile, die auf die Schwingungs-, Rotations- und Translationsfreiheitsgrade entfallen, bestimmen.

Die großen potentiellen Möglichkeiten der Fluoreszenzmethode werden besonders bei dem Problem des Nachweises der OH-Radikale deutlich. Dieses Radikal läßt sich mit dem Massenspektrometer wegen des OH^+-Peaks bei dem als Untergrund immer vorhandenen Wasser nur sehr schlecht nachweisen. Das Radikal OH läßt sich jedoch sehr gut mit der Laserstrahlung im Spektral-

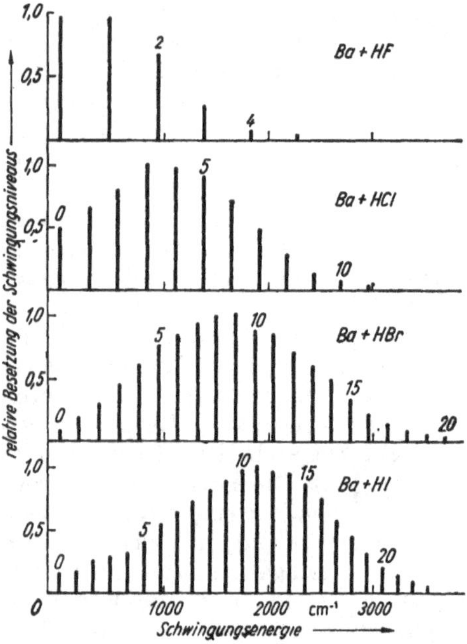

Abb. 22. Relative Besetzung der Schwingungsniveaus der Moleküle BaX, die sich bei der Reaktion Ba + HX → BaX + H bilden, gemessen mit der Laserfluoreszenzmethode [89]

bereich von 3000 Å nachweisen. Dieses Problem ist von praktischer Bedeutung in der Photochemie der Atmosphäre, da die Vorstellung existiert, daß schon geringe Konzentrationen von OH ($10^6 - 10^8$ pro cm^3) die Umwandlung $CO \rightarrow CO_2$ in der Erdatmosphäre bewirken können, was als ein wichtiges Zwischenprodukt in der Smog-Chemie anzusehen ist. In [90] wurde bei der Anregung der Fluoreszenz von OH mit der Strahlung der zweiten Harmonischen eines gepulsten Farbstofflasers mit mittleren Parametern (10^{-6} Ws, 0,5 cm^{-1} Bandbreite bei 2822 Å) eine Nachweisempfindlichkeit von 10^{12} cm^{-3}

erreicht und nachgewiesen, daß es möglich ist, die Empfindlichkeit bis zu Werten von 10^6 cm^{-3} zu steigern. In [91] wurde mit einem wesentlich verbesserten Laser und einer geeigneten Nachweiseinrichtung die Empfindlichkeit tatsächlich um den Faktor 10^6 gesteigert und die

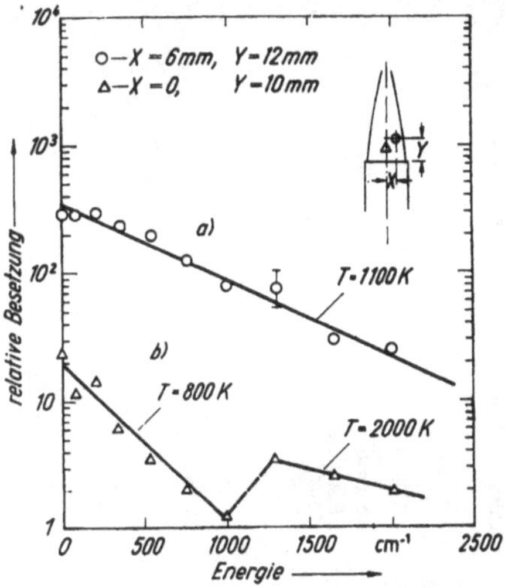

Abb. 23. **Abhängigkeit der relativen Besetzung der Schwingungsniveaus des Radikals OH im Elektronen- und Schwingungsgrundzustand von der Größe der Rotationsenergie in zwei verschiedenen Flammenpunkten eines Bunsenbrenners, aufgenommen mit der Laserfluoreszenzmethode [91]**

Methode zum Nachweis der Besetzungsverteilung des OH im elektronischen Grundzustand in der Flamme eines Bunsenbrenners eingesetzt. In Abbildung 23 ist die relative Besetzungsverteilung als Funktion der Rotationsenergie an zwei verschiedenen Flammenpunkten dargestellt. Es ist deutlich erkennbar, daß an gewissen Flammenpunkten keine Gleichgewichtsverteilung vorhanden ist und der Zustand nicht durch eine einzige „Rotationstemperatur“ beschrieben werden kann.

Tabelle 8

Parametervergleich der Methoden der linearen Laserspektroskopie

Parameter	Absorptionsmethode	Intra-Cavity-Methode	Opto-akustische Methode	Fluoreszenzmethode
Anwendungsgebiet	Absorptionslinien von Atomen und Molekülen im UV, Sichtbaren und IR	Absorptionslinien von Atomen und Molekülen im Sichtbaren	Schwingungs-Rotationslinien von Molekülen	Elektronenübergänge von Atomen und Molekülen im UV und Sichtbaren
räumliche Auflösung	gering	gering	gering	prinzipiell bis 10 λ^3 praktisch 10^{-6} cm^3
Empfindlichkeit	bis herunter zu 10^2 Atomen	bis herunter zu 10^5 Atomen	$10^6 - 10^9$ Moleküle	prinzipiell bis zu einem Atom oder Molekül im Quantenzustand
zeitliche Auflösung (bei obengenannter Empfindlichkeit)	1 s	10^{-6} s	10^{-3} s	10^{-4} s (prinzipiell bis 10^{-7} s).

Im beschriebenen Experiment mit dem OH-Radikal wurde durch Fokussierung der anregenden Laserstrahlung auf einen Fleck mit einem Durchmesser von 100 μm eine hohe räumliche Auflösung erreicht. Das ist ein sehr wesentlicher Vorteil der Laser-Fluoreszenzmethode, da dadurch die Möglichkeit für eine Mikrofluoreszenz-Spektralanalyse gegeben ist. Diese Besonderheit der Methode ist von besonderem Interesse für Anwendungen in der Biologie und wurde zum Beispiel beim Nachweis der Mikrofluoreszenz von Antikörpern verwendet [92].

3.6. Vergleich der Methoden

Keine der erwähnten Methoden der linearen Laserspektroskopie ist universell, und deshalb ergänzen sich diese Methoden mehr, als daß sie miteinander austauschbar wären. In Tabelle 8 ist eine Aufstellung der Anwendungsgebiete der Methoden und ihrer hauptsächlichen Parameter gegeben. Das größte Anwendungsgebiet hat die Absorptionsspektrokopie, da sie im Prinzip beliebige Übergänge von Atomen und Molekülen im infraroten, sichtbaren und ultravioletten Spektralbereich erfaßt. Ein Nachteil dieser und der beiden folgenden Methoden ist das geringe räumliche Auflösungsvermögen, besonders längs der Strahlrichtung. Die Empfindlichkeit dieser Methode ist nur bei hinreichend langer Beobachtungszeit hoch, wodurch die zeitliche Auflösung beträchtlich eingeschränkt wird. Die Intra-Cavity-Methode ist nur im ultravioletten und sichtbaren Spektralgebiet, in dem Laser mit großer Verstärkerlinienbreite vorhanden sind, anwendbar. Im Unterschied zur Methode der Transmissionsmessung bei einmaligen Durchlauf durch die Probe kann man mit dieser Methode höchste Empfindlichkeit in hinreichend kurzer Zeit erreichen. Die opto-akustische Methode ist anwendbar für den Nachweis molekularer Übergänge im Infrarot bei strahlungsloser Relaxation der Anregung (bei den vorher erwähnten Methoden spielte die

Art der Relaxation keine Rolle). Die Zeitkonstante dieser Methode ist relativ groß wegen der langsamen Rückkehr der Probe in den Anfangszustand. Die Empfindlichkeit dieser Methode ist vergleichbar mit der der Absorptionsmethode bei gleichen Nachweiszeiten, jedoch ist die optoakustische Methode einfacher in ihrer Realisierung. Die besten Parameter sind mit der Fluoreszenzmethode zu erreichen, die jedoch nur bei Übergängen anwendbar ist, wenn die Relaxation über Strahlungsprozesse abläuft, das heißt für Elektronenübergänge in Atomen und Molekülen im ultravioletten und sichtbaren Spektralbereich. Diese Methode hat ein sehr hohes räumliches Auflösungsvermögen bis zu $10\,\lambda^3$. Innerhalb einer vergleichsweise kurzen Beobachtungsdauer kann die Grenze der Empfindlichkeit erreicht werden: ein einziges Atom oder ein einziges Molekül im vorgegebenen Quantenzustand. Nimmt man geringere Auflösungen in Kauf, dann kann man auch mit Zeitkonstanten von 10^{-8} s und darunter arbeiten. Für aufgelöste Elektronenübergänge von Atomen und Molekülen findet also die Fluoreszenzmethode keine Konkurrenz. Das heißt aber andererseits nicht, daß diese Methode alle Forderungen der atomaren und molekularen Spektralanalyse erfüllt, denn neben einer hohen Empfindlichkeit sollten solche Methoden auch eine hohe Selektivität oder eine hohe spektrale Auflösung aufweisen. Die Elektronenbanden der meisten Moleküle sind im ultravioletten Spektralgebiet alle von ähnlichem Charakter, und ungeachtet der hohen Empfindlichkeit stellt der Nachweis komplexer Moleküle mit Hilfe der Laserstrahlung auch heute noch ein ungelöstes Problem dar. Diese Problematik wird etwas genauer in Abschnitt 6. behandelt werden.

4. Nichtlineare Laserspektroskopie bei Eliminierung der Doppler-Verbreiterung

4.1. Die Doppler-Verbreiterung und Methoden ihrer Eliminierung

Ein bedeutsamer Anteil unserer Erkenntnisse über die Struktur der Atome und Moleküle beruht auf Ergebnissen der optischen Spektroskopie. In dem Maße jedoch, in dem sich unsere Kenntnisse über den Bau der Atome und Moleküle erweiterten, entstand für die Möglichkeiten der optischen Spektroskopie eine unüberwindlich scheinende Barriere, hervorgerufen durch die Verbreiterung der Spektrallinien in Absorption und Emission. Die stärkste Verbreiterung der Spektrallinien, die durch die Wechselwirkung von Teilchen unter sich in Materie in kondensierter Phase oder in verdichteten Gasen bedingt ist, kann dadurch überwunden werden, daß man die Spektrallinien von verdünnten Gasen dieser Substanzen aufnimmt. Damit kann man jedoch das Endziel — Spektrallinien mit einer Breite, die nur durch die Eigenschaften der Quantenübergänge der individuellen Teilchen bestimmt ist, zu erhalten — nicht erreichen. Der Grund dafür liegt in der thermischen Verbreiterung der Spektrallinien infolge des DOPPLER-Effektes.

Ein sich bewegendes Teilchen — ein Atom oder ein Molekül — absorbiert oder emittiert (auch wenn man von der homogenen Linienverbreiterung absieht) Strahlung nicht genau bei der Frequenz eines Quantenüberganges $\omega_0 = \omega_{21}$ zwischen zwei Energieniveaus E_1 und E_2, die durch die BOHRsche Quantelungsbedingung gegeben ist,

$$\hbar\omega_0 = E_2 - E_1 \tag{4.1}$$

(mit $\hbar$ als PLANCKsche Konstante), sondern bei einer wegen des DOPPLER-Effektes etwas verschobenen Frequenz (siehe Abbildung 24a). Das Zentrum der Spektrallinienfunktion $a(\omega)$ eines einzelnen, ruhenden Teilchens verschiebt sich bei Bewegung um einen Betrag, der von der Komponente der Geschwindigkeit $\boldsymbol{v}$ des Teilchens in

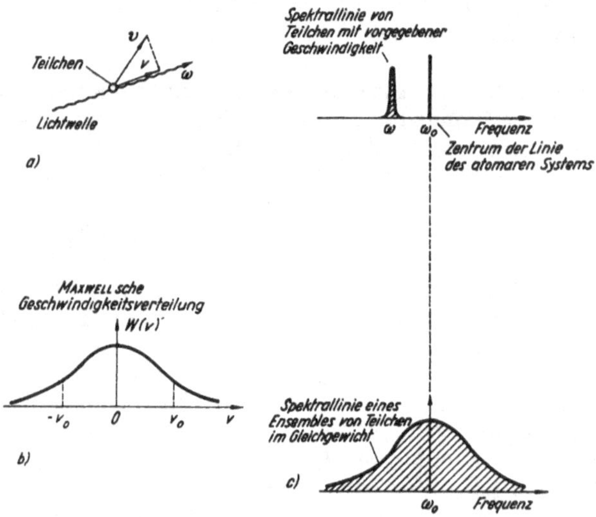

Abb. 24. Einfluß des DOPPLER-Effektes auf die Form der Spektrallinie:

a) DOPPLER-Verschiebung der Frequenz eines Teilchens, welches sich mit der Geschwindigkeit $\boldsymbol{v}$ bewegt;

b) thermische Geschwindigkeitsverteilung der Teilchen;

c) Form der Spektrallinie eines Teilchenensembles, in dem die Teilchen der thermischen Geschwindigkeitsverteilung unterworfen sind

der Beobachtungsrichtung $\boldsymbol{n}$ abhängt:

$$a_{\boldsymbol{v}}(\omega) = a\left(\omega - \boldsymbol{n}\,\frac{\boldsymbol{v}}{c}\,\omega\right), \quad |\boldsymbol{v}| \ll c. \tag{4.2}$$

In Gasen bewegen sich die Teilchen in allen möglichen Richtungen, und deshalb ist der Betrag der DOPPLER-Verschiebung für alle Teilchen verschieden. Im thermischen Gleichgewicht sind alle Bewegungsrichtungen von gleicher Wahrscheinlichkeit, das heißt, die Geschwindigkeitsverteilung der Teilchen ist isotrop. Deshalb wird die Projektion der Geschwindigkeit der Teilchen auf eine beliebige ausgewählte Richtung $v = \boldsymbol{v} \cdot \boldsymbol{n}$ durch eine MAXWELL-Verteilung beschrieben,

$$W(v) = \frac{1}{\sqrt{\pi} \cdot u} \exp\left[-\left(\frac{v}{u}\right)^2\right], \quad u = \left(\frac{2k_B \cdot T}{M}\right)^{1/2}, \qquad (4.3)$$

die die symmetrische Form einer GAUSS-Kurve hat (Abb. 24b). Das Ergebnis dieser Verteilung ist, daß die Spektrallinie eines Ensembles von Teilchen eine symmetrische Form mit dem Zentrum bei der Frequenz ω_0 des Quantenüberganges hat (siehe Abbildung 24c).

Im Gleichgewichtszustand wird die gesamte Breite der Spektrallinie in halber Höhe $\Delta\omega_D$ (Halbwertsbreite) bei einer MAXWELL-Verteilung der Geschwindigkeit (4.3) infolge des DOPPLER-Effektes durch folgende Beziehung beschrieben:

$$\Delta\omega_D = \frac{\omega_0}{c}\left(8 \ln 2 \frac{k_B T}{M}\right)^{1/2} = 7{,}16 \cdot 10^7 \sqrt{\frac{T}{\mathcal{A}}}\, \omega_0 \qquad (4.4)$$

mit M, $\mathcal{A}$ als Masse und Atomgewicht der Teilchen und T als Temperatur in K.

Eine DOPPLER-verbreiterte Spektrallinie stellt ihrem Wesen nach die Gesamtheit einer großen Zahl von erheblich schmaleren Spektrallinien dar, die zu Teilchen mit unterschiedlicher Geschwindigkeit gehören. Deshalb wird die DOPPLER-Verbreiterung gewöhnlich als *inhomogene* Verbreiterung bezeichnet.

In Tabelle 9 sind die Werte der inhomogenen Verbreiterung der optischen Spektrallinien von Gasen sowie die verschiedenen Mechanismen zur homogenen Verbreiterung angegeben. *Homogen* verbreitert ist eine Spektrallinie (bei Gasen), wenn der DOPPLER-Effekt nicht vorhanden ist. Zur Breite einer Spektrallinie eines Teilchens

Tabelle 9

Mechanismen für die Verbreiterung von Spektrallinien in Gasen

Inhomogene Verbreiterung

Typ	Ursache	Linienbreite	Größenordnung
DOPPLER-Verbreiterung	DOPPLER-Effekt infolge Wärmebewegung der Teilchen	$\nu_0 \frac{v_0}{c}$ ν_0 – Mittenfrequ. v_0 – mittl. Geschw. c – Lichtgeschw.	$10^7 - 10^9$ Hz

Homogene Verbreiterung

Typ	Ursache	Linienbreite	Größenordnung
Natürliche Linienbreite	Spontane Dämpfung des angeregten Zustandes	$\frac{1}{2\pi\tau}$ τ – natürliche Lebensdauer	Atome: $10^5 - 10^7$ Hz Moleküle: $10^1 - 10^3$ Hz
Stoßverbreiterung	Stöße der Teilchen untereinander	$\frac{1}{\pi\tau_{st}}$ τ_{st} mittlere Dauer zw. d. Stößen	$3 \cdot 10^3 - 3 \cdot 10^4$ Hz (bei einem Gasdruck v. 1 m Torr)
Verbreiterung durch Stöße mit der Wand	Stöße der Teilchen mit der Wand der Gaszelle	$\frac{1}{\pi} \cdot \frac{v_0}{b}$ b – Zellendurchmesser	$10^3 - 10^4$ Hz
Wechselwirkungsverbreiterung (Durchflugsverbreiterung)	Endliche Zeit der Wechselw. der Teilchen mit dem Licht	$\frac{1}{2\pi} \cdot \frac{v_0}{d}$ d – Durchmesser des Strahls	$10^3 - 10^4$ Hz
Verbreit. durch das Lichtfeld (Intensitätsverbreiterung)	Erhöhung der Übergangsrate zwischen den Niveaus im Lichtfeld	$P_{12}\, E/h$ P_{12} – Dipolmoment des Überganges E – elektrische Feldstärke der Lichtwelle h – PLANCKsche Konstante	$10^4 - 10^5$ Hz (bei 1 m W/cm^2 Leistung des Lichtfeldes)

im Gas tragen mehrere Effekte bei (Tab. 9). Ein fundamentaler Effekt, der in der Tabelle als erster aufgeführt ist, ist die *Strahlungsverbreiterung* auf Grund des spontanen Zerfalls des angeregten Zustandes. Eine Spektrallinie, die durch den spontanen Zerfall bestimmt ist, hat eine LORENTZ-Form [93]

$$a(\omega) = \frac{(\gamma/2)^2}{(\omega - \omega_0)^2 + (\gamma/2)^2} \tag{4.5}$$

mit $\gamma = \gamma_1 + \gamma_2$ als Breite der Strahlungsverbreiterung des Überganges in halber Höhe, γ_1 und γ_2 als Dämpfungskonstanten des unteren und des oberen Niveaus des Überganges und der Funktion $a(\omega)$ als im Maximum auf Eins normiert. Diese Verbreiterung nennt man gewöhnlich die natürliche Linienbreite. Die hiervon herrührende Lebensdauer des angeregten Zustandes der Atome hängt von der Stärke des Überganges, die in der Spektroskopie als Oszillatorstärke bezeichnet wird, und von der Wellenlänge der Strahlung ab. Für die intensivsten Elektronenübergänge von Atomen und Molekülen im sichtbaren Bereich des Spektrums ergeben sich Werte von $1/\gamma \approx 10^{-8}$ s. Bei metastabilen Niveaus und Schwingungsniveaus von Molekülen kann die Strahlungslebensdauer Werte von 10^{-1} s bis 10^{-5} s annehmen.

Den praktisch wichtigsten Beitrag zur homogenen Verbreiterung liefern die Stöße der Teilchen unter sich. Jeder dieser Stöße zerstört die Phase der periodischen Bewegung eines Elektrons im Atom oder der Schwingung der Atome im Molekül. Infolge dieser stochastischen Störungen entsteht anstatt eines regulären periodischen Prozesses, der den Zustand des Atoms oder des Moleküls beschreibt, streckenweise ein periodischer Prozeß in der Art aufeinanderfolgender kohärenter Züge mit einer mittleren Länge von τ_{st}, die gleich der mittleren Zeit zwischen den Stößen eines Teilchens mit seinen Nachbarn ist. Diese Stöße führen außer zu einer Zerstörung der Phase auch zu einer Entvölkerung des Zustandes. Die Form einer stoßverbreiterten Linie in dem für die Berechnung einfachsten Falle, in dem beim Stoß entweder die Phase zerstört wird oder der Zustand gedämpft wird, ist ebenfalls eine LORENTZ-Form mit einer Halbwertsbreite $\Delta\omega_{st}$, die gleich der Stoßfrequenz der Teilchen ist:

$$\Delta\omega_{st} = \frac{2}{\tau_{st}}. \tag{4.6}$$

Um die Phase zu zerstören, reichen im allgemeinen sehr schwache Wechselwirkungen der Teilchen untereinander aus, bei denen Richtung und Geschwindigkeit der Bewegung nur um sehr kleine Beträge geändert werden. Deshalb sind die Wirkungsquerschnitte der verbreiternden Stöße wesentlich größer als die gaskinetischen Querschnitte, die die starken Wechselwirkungen der Teilchen untereinander bestimmen. Typische Werte der LORENTZ-Verbreiterung für Moleküle liegen im Bereich $\Delta\nu_{st} = \Delta\omega_{st}/2\pi = (3 - 20)$ MHz bei Gasdrücken von 1 Torr, was einer mittleren Zeit zwischen den verbreiternden Stößen von $\tau_{st} = 10^{-7}$ s $- 10^{-8}$ s bei einem Gasdruck von einem Torr entspricht. Bei diesen Drücken übersteigt zum Beispiel die LORENTZ-Verbreiterung der infraroten Molekülübergänge die natürliche Linienbreite um etwa den Faktor 1000. Da die LORENTZ-Verbreiterung dem Druck proportional ist (für kleine Drücke), muß man zur Verringerung der Stoßverbreiterung bis zur natürlichen Linienbreite den Druck bis auf 10^{-3} Torr absenken. Bei Verringerung des Druckes macht sich jedoch ein anderer Verbreiterungsmechanismus bemerkbar.

Bei geringen Drücken ist die mittlere freie Weglänge der Teilchen Λ, die von der mittleren Geschwindigkeit der Teilchen v_0 und von der mittleren Zeit zwischen den Stößen über die Beziehung $\Lambda = v_0\tau_{st}$ abhängt, in der Größenordnung oder auch größer als die linearen Abmessungen des Gefäßes, in dem sich das Gas befindet. In diesem Fall wird die Zeit zwischen den Stößen τ_{st} nicht mehr durch die Stöße der Teilchen untereinander gegeben, sondern durch die Stöße mit der Gefäßwand. Dieser Effekt führt zur Verbreiterung der Spektrallinien in der Größe $\approx v_0/b$, wobei b die mittlere Entfernung zwischen den Gefäßwänden darstellt. Bei linearen Abmessungen von einigen Zentimetern ergeben die Stöße mit der Wand eine Verbreiterung der Größenordnung 10^4 Hz. das ist ein sehr kleiner Wert, auch er übersteigt jedoch noch die natürliche Linienbreite von Molekülübergängen im Infrarot.

Die DOPPLER-Verbreiterung war eine ernsthafte Barriere bei der Entdeckung und Untersuchung der Hyperfeinstruktur von optischen Übergängen. So haben zum Beispiel die Resonanzlinien des Natriums 5890 Å (Übergang $3^2\,S_{1/2} - 3^2\,P_{3/2}$) und 5896 Å (Übergang $3^2\,S_{1/2} - 3^2\,P_{1/2}$) auf Grund der Hyperfeinaufspaltung des Grundzustandes von 0,02 Å eine Dublettstruktur. Die DOPPLER-Verbreiterung der Resonanzlinien des Natriums übersteigt schon bei Temperaturen von $T \gtrsim 500$ K die Größe dieser Aufspaltung. Eine gesicherte Beobachtung zunächst der Dublettstruktur [94] und danach der vollen Hyperfeinstruktur [95] konnte erst mit Hilfe der Methode der Atomstrahlen erfolgen. Ein anderes Beispiel einer ernsthaften Begrenzung durch den DOPPLER-Effekt ist die Beobachtung der LAMB-Verschiebung im Wasserstoff-Atom. Schon 1934 erschienen die ersten Vermutungen, daß das $2S_{1/2}$-Niveau des Wasserstoffs etwa 0,03 cm^{-1} höher liegt als das $2P_{1/2}$-Niveau. Da jedoch die DOPPLER-Verbreiterung der 6563 Å-Linie (H_α) der BALMER-Serie 0,2 cm^{-1} beträgt, kann dieser Effekt mit den üblichen Methoden der optischen Spektroskopie nicht beobachtet werden. Diese Situation bestand bis 1947, als LAMB und RETHERFORD mit Methoden der Hochfrequenzspektroskopie nachwiesen [96], daß tatsächlich das $2\,S_{1/2}$-Niveau relativ zum $2P_{1/2}$-Niveau um 1062 ± 5 MHz oder 0,034 cm^{-1} verschoben ist. Es ist bekannt, daß die Entdeckung der LAMB-Verschiebung und ihre nachfolgende theoretische Erklärung einen wesentlichen Einfluß auf die Entwicklung der Quantenelektrodynamik hatten.

Um die Begrenzungen der optischen Spektroskopie durch den DOPPLER-Effekt zu beseitigen, wurde eine ganze Reihe von Methoden erarbeitet, die die Untersuchung von Quantenübergängen erlauben, die durch die DOPPLER-Verbreiterung der Spektrallinien verdeckt sind. Eine dieser Methoden ist zum Beispiel die Methode der Atom- und Molekularstrahlen, die in den dreißiger Jahren entwickelt wurde und bis heute erfolgreich angewendet wird. In den fünfziger Jahren wurde eine Reihe von spektroskopischen Methoden zur Eliminierung der DOPPLER-Verbreiterung entwickelt (Methode der hochfrequenzoptischen Doppelresonanz [97], Methode der gekreuzten Niveaus [98, 99], Methode der Quantenschwebungen [100, 101]), die hauptsächlich bei Quantenübergängen von Atomen im sichtbaren Spektralbereich angewendet werden. Der Einsatz von Laserlichtquellen mit kohärenter Strahlung und mit abstimmbarer Frequenz erweitert ganz wesentlich die Möglichkeiten sämtlicher oben erwähnter Methoden der Spektroskopie zur Eliminierung der DOPPLER-Verbreiterung. Dabei ist wohl besonders wichtig, daß die Laserstrahlung zur Erarbeitung und starker Verbreitung der Methode der Laserspektroskopie geführt hat, die ebenso wie die Methode der Atom- und Molekularstrahlen überaus effektiv bei beliebigen Übergängen von Atomen und Molekülen in einem breiten Frequenzbereich sind (ultravioletter, sichtbarer und infraroter Spektralbereich).

Als Grundlage von Methoden einer nichtlinearen Laserspektroskopie unter Eliminierung der DOPPLER-Verbreiterung können mindestens drei prinzipiell verschiedene Verfahren dienen:

1. Die Spektroskopie der Absorptionssättigung, die auf der Änderung der Verteilungsfunktion für die Geschwindigkeit der Teilchen in zwei Niveaus des betrachteten Überganges bei der Wechselwirkung dieser Teilchen mit einer kohärenten Lichtwelle beruht [102].

2. Die Zweiphotonenspektroskopie, die Zweiquantenübergänge im Feld zweier laufender Wellen gleicher

Frequenz, die räumlich gegeneinander laufen, verwendet [103].

3. Die Spektroskopie „eingeschlossener Teilchen", die auf der Änderung der Verteilungsfunktion für die Geschwindigkeiten der Teilchen unabhängig von ihrem Quantenzustand beruht, das heißt auf der Änderung der Verteilungsfunktion für die Geschwindigkeiten der Teilchen in allen Quantenzuständen gleichzeitig [104].

4.2. Sättigungs-Absorptionsspektroskopie

Betrachten wir die Wechselwirkung der ebenen kohärenten Lichtwelle eines Lasers der Frequenz ω mit Teilchen, die eine Doppler-verbreitete Absorptionslinie besitzen. Die Frequenz der Lichtwelle falle genau mit dem Zentrum der Doppler-Linie zusammen, das heißt mit der Frequenz des Quantenüberganges ω_0 zwischen den Niveaus. Mit dieser Welle können nur Teilchen wechselwirken, die sich genähert senkrecht zum Lichtstrahl bewegen, das heißt Teilchen, deren Doppler-Verschiebung der Frequenz sehr gering ist. Alle anderen Teilchen können mit dieser Lichtwelle wegen ihrer Doppler-verschobenen Frequenz nicht in Wechselwirkung treten. Wenn die Frequenz des Feldes nicht mit dem Zentrum der Linie zusammenfällt, dann ist ein ruhendes oder sich senkrecht zum Lichtstrahl bewegendes Teilchen mit dem Feld nicht in Resonanz. In Resonanz mit dem Feld sind dann die Teilchen, die eine genau bestimmte Geschwindigkeitskomponente $v_{res} = \frac{\omega - \omega_0}{\omega} \cdot c$ in Richtung des Lichtstrahles haben. Diese Geschwindigkeit ist notwendig, damit die Doppler-Verschiebung die Frequenzdifferenz zwischen der Lichtwelle und dem Quantenübergang kompensiert. Wenn $\omega > \omega_0$, dann wechselwirken diejenigen Teilchen mit der Lichtwelle, die eine positive Komponente der Geschwindigkeit in Lichtausbreitungsrichtung haben, bei $\omega < \omega_0$ umgekehrt die Teilchen, deren Geschwindigkeitskomponente negativ ist. Mit der Lichtwelle kann also nur eine bestimmte Gruppe von Teilchen wechselwirken, die die gleiche DOPPLER-Verschiebung der Frequenz aufweisen. Da die Spektrallinienbreite jedes Teilchens durch die homogene Breite bestimmt wird, so nimmt eine solche Gruppe innerhalb der DOPPLER-verbreiterten Linie nur einen kleinen Spektralbereich ein mit seinem Zentrum bei der Frequenz $\omega_0 + \Delta\omega$ des Lichtfeldes und mit einer Breite, die der homogenen Breite entspricht.

Bei der Wechselwirkung sich bewegender Teilchen mit einem in seinem Durchmesser begrenzten Lichtstrahl trägt ein weiterer Effekt zur Verbreiterung der Resonanz bei. Ein Teilchen, das die Geschwindigkeit v_0 hat, durchläuft einen Lichtstrahl mit dem Durchmesser d in der Zeit $t_d = d/v_0$. Den Lichtstrahl kann man als ein Meßgerät betrachten, mit dem das Teilchen eine endliche Zeit $\Delta t = t_d$ wechselwirkt. Entsprechend der Unschärferelation kann die Energie eines Überganges nicht genauer bestimmt werden als mit $\Delta E = \hbar/\Delta t$. Das entspricht einer Unschärfe in der Frequenz des Überganges von $\Delta E/\hbar = 1/t_d$, das heißt einer Verbreiterung der Spektrallinie auf Grund der endlichen Wechselwirkungszeit des Teilchens mit dem Lichtstrahl von

$$\Delta\omega_d \approx \frac{1}{t_d}. \tag{4.7}$$

Bei relativ hohen Gasdrücken, bei denen die mittlere freie Weglänge Λ wesentlich kleiner als der Durchmesser des Lichtstrahles ist, ist dieser Effekt gegenüber der wesentlich größeren Verbreiterung auf Grund der Stöße nicht von Bedeutung, bei sehr geringen Drücken wird er jedoch bei langlebigen Übergängen zu dem entscheidenden Verbreiterungsmechanismus.

Bei inhomogener Verbreiterung der Spektrallinie wechselwirkt also nur ein Teil aller Teilchen mit der Lichtwelle, da sich nicht alle in Resonanz befinden. Die Größe dieses Teiles wird durch das Verhältnis von homogener zu inhomogener Verbreiterung bestimmt. Genau genommen hängt sie auch von der räumlichen Verteilung der Lichtwelle ab. Wenn das monochromatische Feld *isotrop* ist (wenn es zum Beispiel eine Gesamtheit von Wellen ist, die sich in allen Richtungen innerhalb eines Hohlraumes mit reflektierenden Wänden ausbreiten), so können alle Teilchen unabhängig von ihrer Geschwindigkeit mit dem Lichtfeld wechselwirken (Abb. 25a).

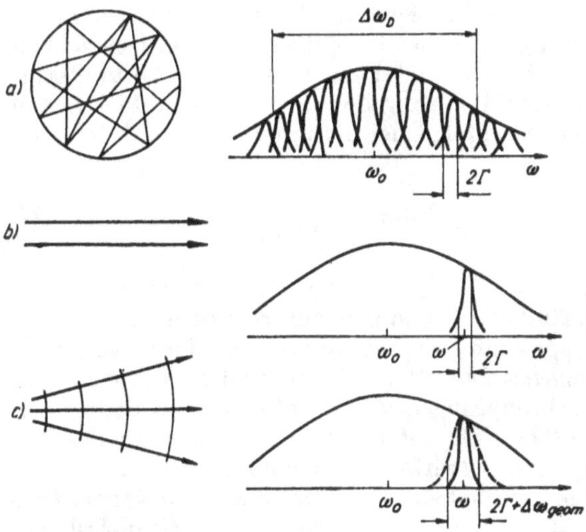

Abb. 25. Einfluß der räumlichen Konfiguration des Lichtfeldes auf die Resonanzbreite seiner Wechselwirkung mit einer DOPPLER-verbreiterten Spektrallinie:

a) isotropes monochromatisches Feld;
b) ebene kohärente Welle;
c) sphärische kohärente Welle

Andererseits wechselwirkt mit einer ebenen laufenden Welle der Form $E \cdot \cos(\omega t - \boldsymbol{kr})$ nur der Teil aller Teilchen, der sich gerade innerhalb eines spektralen Intervalls der homogenen Breite $\Delta\omega_{\text{hom}} = 2\Gamma$ auf der Resonanzfrequenz $\omega = \omega_0 + \boldsymbol{kv}$ befindet (Abb. 25b).

Mit dem Feld wechselwirken also nur die Teilchen, die eine bestimmte Projektion ihrer Geschwindigkeit auf die Richtung des Wellenvektors der laufenden Welle haben:

$$|\omega - (\omega_0 + \boldsymbol{k}\boldsymbol{v})| \lessgtr \Gamma. \tag{4.8}$$

Es sei bemerkt, daß die Breite der Resonanz vom Grad abhängt, in dem die Welle eben ist. Das sich bewegende Teilchen nimmt das Feld in einem bestimmten mikroskopischen Gebiet wahr. Im Falle einer sphärischen Welle mit dem Radius R entsteht eine zusätzliche Verbreiterung auf Grund der Änderung der DOPPLER-Verschiebung für jedes Teilchen infolge der Krümmung der Wellenfläche (Abb. 25c).

$$\Delta\omega_{\text{geom}} \approx \frac{k \cdot u}{\sqrt{k \cdot R}} \tag{4.9}$$

mit $k \cdot u = \Delta\omega_D$. Folglich führt die Bewegung des Teilchens zusätzlich zur inhomogenen DOPPLER-Verbreiterung der gesamten Spektrallinie, zu einer räumlichen oder *geometrischen* Verbreiterung der Resonanzlinie. Dieser Verbreiterungstyp kann physikalisch dadurch erklärt werden, daß auf Grund der Bewegung des Teilchens die Wechselwirkung mit dem Feld nicht nur von seiner Geschwindigkeit $\boldsymbol{v}$, sondern auch von seinem Ortsvektor $\boldsymbol{r} = \boldsymbol{r}_0 + \boldsymbol{r}(t - t_0)$ abhängt. Im Grenzfall wird die Krümmung der Wellenfront eines Lichtbündels mit dem Durchmesser d nur durch die Beugung bestimmt ($R \sim d^2k$), und die geometrische Verbreiterung führt entsprechend (4.9) zur Verbreiterung infolge der endlichen Wechselwirkungszeit des Teilchens mit dem Licht $\Delta\omega_{\text{geom}} \approx \frac{u}{d}$. Im Grenzfall des isotropen Feldes mit einem mittleren Krümmungsradius $R \sim 1/k$ fällt die geometrische Verbreiterung (4.9) mit der DOPPLER-Verbreiterung zusammen.

Somit kann also eine monochromatische Lichtwelle geringer Divergenz, das heißt ein Lichtfeld mit hoher räumlicher und zeitlicher Kohärenz[1]), nur mit einem geringen Teil von Atomen oder Molekülen innerhalb des DOPPLER-verbreiterten Überganges wechselwirken. Folglich kann also das Feld den Zustand ändern und diesen kleinen Teil der Teilchen im Verhältnis zu den restlichen Teilchen, deren Geschwindigkeit die Resonanzbedingung (4.8) nicht erfüllt, stark diskriminieren. Gegeben sei eine Lichtquelle mit so hoher Bestrahlungsstärke, daß ein wesentlicher Teil der Teilchen in den angeregten Zustand überführt wird. Die totale Übergangswahrscheinlichkeit W_{12} in den angeregten Zustand von Teilchen mit der Geschwindigkeit $\boldsymbol{v}$ unter dem Einfluß des Feldes einer laufenden Welle $E \cdot \cos(\omega t - \boldsymbol{kr})$ ist im einfachsten Fall gleicher Dämpfungskonstanten beider Niveaus des Überganges gegeben durch

$$W_{12}(\boldsymbol{v}) = \frac{G}{2} \frac{\Gamma^2}{(\Omega - \boldsymbol{kv})^2 + \Gamma^2(1 + G)}; \qquad (4.10)$$

$\Omega = \omega - \omega_0$ ist die Verstimmung der Frequenz der laufenden Welle gegenüber der Frequenz des Überganges des ruhenden Teilchens, $G = (p_{12}E/\hbar\Gamma)^2$ ist der Sättigungsparameter des Überganges, p_{12} das Matrixelement des Dipolmomentes des Überganges. Die Übergangswahrscheinlichkeit des Teilchens in das obere Niveau ist abhängig von der Größe des Sättigungsparameters G und von der Abweichung der Teilchengeschwindigkeit von der Resonanzgeschwindigkeit.

Die Größe $p_{12}E/\hbar$ ist die Übergangsgeschwindigkeit des Teilchens zwischen den Niveaus pro Zeiteinheit und führt folglich ebenfalls zur Verbreiterung der Spektrallinie (siehe Tabelle 9). Der Grad, in dem das Feld nach (4.10) zur Verbreiterung beiträgt, wird durch die einfache Beziehung

$$\Delta\omega = 2\Gamma\sqrt{1 + G} \qquad (4.11)$$

---

[1]) Gemeint ist hier die Kohärenz, deren Eigenschaften in Zusammenhang mit der Kohärenzzeit bzw. der reziproken Linienbreite stehen.

ausgedrückt. Dieser Verbreiterungsmechanismus ist aus der Hochfrequenzspektroskopie sehr gut bekannt [105, 106].

Die Anregung von Teilchen mit einer bestimmten Geschwindigkeit ändert den Gleichgewichtszustand der Geschwindigkeitsverteilung der Teilchen in jedem der zum

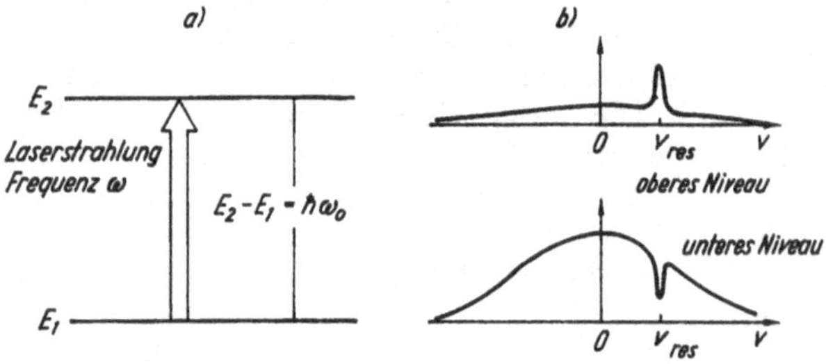

Abb. 26. Die Sättigung eines DOPPLER-verbreiterten Überganges durch eine Lichtwelle:

a) die Niveaus des Überganges;

b) die Verteilung der Projektion der Teilchengeschwindigkeiten auf die Richtung der Lichtwelle im unteren und im oberen Niveau

Übergang gehörigen Niveaus (Abb. 26). In der Geschwindigkeitsverteilung der Teilchen im unteren Niveau $N_1(v)$ bildet sich ein Mangel an Teilchen mit der Geschwindigkeit, die der Resonanzbedingung (4.8) genügen, aus:

$$N_1(\boldsymbol{v}) = N_1^0(\boldsymbol{v}) - W_{12}(\boldsymbol{v})[N_1^0(\boldsymbol{v}) - N_2^0(\boldsymbol{v})] \quad (4.12)$$

mit $N_1^0(\boldsymbol{v})$ und $N_2^0(\boldsymbol{v})$ als anfänglichem Gleichgewichtszustand der Geschwindigkeitsverteilung der Teilchen im unteren und im oberen Niveau. Im oberen Niveau dagegen bildet sich ein Überschuß von Teilchen mit der Resonanzgeschwindigkeit heraus:

$$N_2(\boldsymbol{v}) = N_2^0(\boldsymbol{v}) + W_{12}(\boldsymbol{v})[N_1^0(\boldsymbol{v}) - N_2^0(\boldsymbol{v})]. \quad (4.13)$$

In Abbildung 26b ist die Verteilung der Geschwindigkeitskomponenten auf die Richtung des Lichtstrahles für das untere und das obere Niveau dargestellt. Ohne Lichtfeld haben wir eine symmetrische Verteilung, beim Anlegen einer starken Lichtwelle bildet sich in der Geschwindigkeitsverteilung der Teilchen des unteren Niveaus ein „Loch" aus, im oberen Niveau eine „Spitze". Diese Spitze und dieses Loch ergeben sich für Teilchen mit einer Geschwindigkeit, die durch die Frequenz des Feldes gegeben ist:

$$v = v_{\text{res}} = \frac{\omega - \omega_0}{\omega_0} c. \tag{4.14}$$

Die Vertiefung und Erhöhung bestimmt sich durch den Sättigungsparameter G. Die Breite dieser Ausbuchtungen ist gleich der homogenen Breite 2Γ mit einer Genauigkeit bis zum Wert der Feldverbreiterung, die nach (4.11) ebenfalls durch den Sättigungsparameter bestimmt wird.

Damit haben wir also festgestellt, daß die Lichtwelle die Geschwindigkeitsverteilung der Teilchen in den einzelnen Niveaus verändert — die Verteilung wird selektiv verändert. Das führt natürlich auch zur Verzerrung der DOPPLER-verbreiterten Linie. Auf der Einhüllenden der DOPPLER-Linie entsteht infolge der Teilchen, die in das obere Niveau abwandern, ein Loch, das häufig als BENNETT-dip bezeichnet wird [107]. Die Breite dieses Loches entspricht unmittelbar der homogenen Breite des Überganges, die tausendmal kleiner als die DOPPLER-Linienbreite sein kann. Beachten wir dabei, daß die Lichtwelle zur Einbuchtung einer solch schmalen Kontur in die DOPPLER-Linie folgende drei Bedingungen erfüllen muß:

1. Monochromasie oder hohe zeitliche Kohärenz[1]),
2. Gerichtetheit oder hohe räumliche Kohärenz[2]),
3. hinreichend hohe Bestrahlungsstärke zur Sättigung des Überganges.

---

[1]) Vergleiche Anmerkung auf S. 85.

[2]) Hier ist die räumliche Kohärenz erster Ordnung gemeint, wie sie mit dem YOUNGschen Versuch nachgewiesen wird.

Bis jetzt haben wir ein „absorptionsbereites“ Medium betrachtet. Nun wenden wir uns einem „emissionsbereiten“ Medium zu und betrachten einen Effekt, der als LAMB-dip bezeichnet wird und welcher die Grundlage für viele Experimente in der Spektroskopie der Absorptionssättigung ist. Nehmen wir an, mit einem solchen Medium, welches eine DOPPLER-verbreitete Verstärkerlinie aufweist, wechselwirke eine stehende Lichtwelle. Ein eben solches Feld ist gewöhnlich im Laser vorhanden, und man kann es sich als Überlagerung zweier entgegenlaufender Wellen gleicher Frequenz vorstellen (Abb. 27). In diesem Fall brennt jede Welle ihr „Loch“ in die Geschwindigkeitsverteilung der Moleküle. Da die beiden Wellen sich entgegen laufen, so entstehen zwei „Löcher“, die symmetrisch zum Zentrum der DOPPLER-verbreiterten Verstärkerlinie liegen. Das heißt, die Laserstrahlung entnimmt Energie aus zwei Gruppen von verstärkenden Teilchen mit verschiedenen Geschwindigkeiten. Wenn nun die Frequenz des Lasers auf das Zentrum der DOPPLER-Linie abgestimmt wird, dann fallen beide Löcher zusammen, und die stehende Lichtwelle wechselwirkt nur mit einer Gruppe von Teilchen, was zum Resonanzabfall der Ausgangsleistung des Lasers im Zentrum der Verstärkerlinie führt. Diese Erscheinung wurde zuerst im Jahre 1963 [102] in der Theorie der Gaslaser untersucht und führt den Namen LAMB-dip. Experimentell wurde diese Erscheinung in den Arbeiten zweier unabhängiger Gruppen im Massachusetts Institute of Technology (USA) und in der Yale-University (USA) [108, 109] beobachtet.

Folgende Verbesserung der Sättigungsmethode, die der Ausgangspunkt für eine weite Verbreitung der Spektroskopie der Absorptionssättigung war, wurde 1967 unabhängig voneinander in drei Laboratorien in der UdSSR und in den USA durchgeführt: Vom Autor dieses Buches im Physikalischen-Institut der Akademie der Wissenschaften der UdSSR in Moskau (LEBEDEW-Institut) [110], von Mitarbeitern der Firma „Perkin-Elmer“ in den USA [111] und von Mitarbeitern des Institutes für Halbleiter-

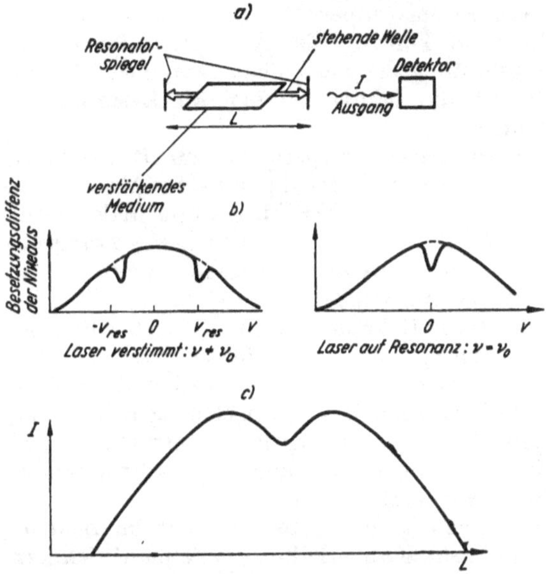

Abb. 27. Die Bildung des LAMB-dips im Gaslaser:

a) das experimentelle Schema;

b) die Verteilung der Besetzungsdifferenzen der einzelnen Niveaus nach der Geschwindigkeit bei der Durchstimmung der Frequenz des Lichtfeldes relativ zur Zentrumsfrequenz ν_0 und bei genauer Übereinstimmung mit dieser ($\nu = \nu_0$);

c) zu beobachtende Abhängigkeit der Ausgangsleistung eines Lasers von der Frequenz der Ausgangsstrahlung, die durch Änderung der Resonatorlänge L abgestimmt wird

physik in Nowosibirsk [112]. Es wurde vorgeschlagen, in den Resonator eines Lasers eine Zelle mit einem Gas bei niedrigem Druck einzubringen, das bei der Laserstrahlung eine Resonanzabsorption aufweist. Die Sättigung der Absorption durch diese stehende Lichtwelle führt zur Ausbildung eines schmalen LAMB-dip im Zentrum der DOPPLER-verbreiterten Absorptionslinie. Die Folge davon ist, daß die gesättigte effektive Verstärkung dieses Zweikomponentenmediums innerhalb des Resonators eine schmale Spitze im Zentrum der Absorptionslinie erhält. Die Ausgangsleistung des Lasers hat dann ebenfalls eine schmale Spitze, die häufig als inverser LAMB-dip bezeichnet wird.

Das erste erfolgreiche Experiment zur Beobachtung dieses schmalen inversen LAMB-dip mit einer Absorptionszelle, die ein molekulares Gas enthielt, wurde in der Arbeit [113] durchgeführt. Es gibt natürlich keine zwingende Notwendigkeit, diese Absorptionszelle innerhalb des Laser-Resonators aufzustellen. Eine stehende Welle der geforderten Intensität kann man auch durch Aufstellen eines zusätzlichen Spiegels außerhalb des Laserresonators erhalten. Die wertvolle Eigenschaft des inversen LAMB-dip ist die, daß man mit ihm einen beliebigen DOPPLER-verbreiterten Absorptionsübergang untersuchen kann, falls bei dieser Frequenz eine kohärente schmalbandige Laserstrahlung zur Verfügung steht.

Um eine schmale nichtlineare Resonanz im Zentrum einer Absorptionslinie zu erhalten, muß man nicht unbedingt eine stehende Welle verwenden, es reicht auch eine starke laufende Welle, die den Absorptionsübergang sättigt, und eine ihr entgegenlaufende schwache Welle, die die Rolle eines Teststrahles erfüllt. (Abb. 28). Eine solche Methode der Spektroskopie der Absorptionssättigung wurde 1969 vorgeschlagen [114]. Eine starke laufende Welle regt die Teilchen zum Übergang in das obere Niveau an, deren Geschwindigkeitskomponente in Strahlrichtung der Resonanzbedingung $kv_{\text{res}} = \omega - \omega_0$ genügt. Da die entgegenlaufende Welle die gleiche Frequenz besitzt, jedoch eine entgegengesetzte Richtung hat, so wechselwirkt sie mit Teilchen, die die gleiche Geschwindigkeitskomponente haben, jedoch mit anderem Vorzeichen als die mit der starken Welle wechselwirkenden. Wenn die Frequenz der Wellen nicht mit der Mittenfrequenz der DOPPELR-Linie ω_0 zusammenfällt, dann kann der Teststrahl nichts von dem Vorhandensein der starken Welle merken. Fällt jedoch die Frequenz der

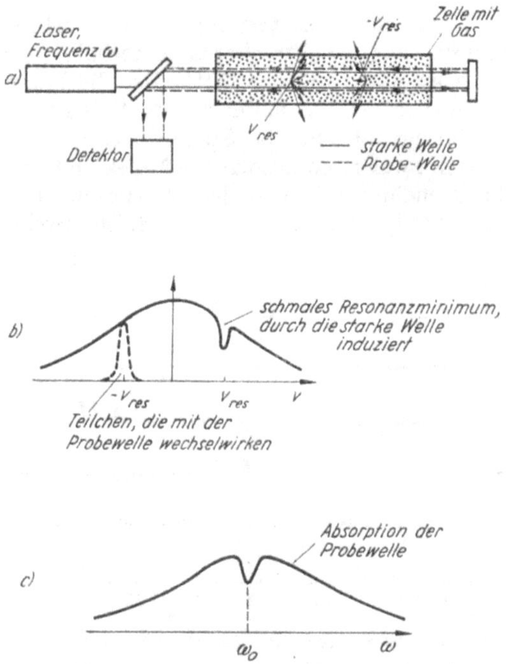

Abb. 28. Bildung einer schmalen nichtlinearen Resonanz bei der Absorption einer schwachen Welle im Gas, welches sich im Feld einer entgegenlaufenden starken Welle derselben Frequenz befindet:

a) Schema des Experimentes;
b) Geschwindigkeitsverteilung der Teilchen;
c) Abhängigkeit der Absorption der schwachen Probewelle von der Frequenz der Welle

Wellen mit der Mittenfrequenz der DOPPLER-Linie zusammen, dann wechselwirkt die schwache Welle mit den Teilchen, deren Absorption schon durch die entgegenlaufende starke Welle verringert ist. Demzufolge erhält die Absorption der Testwelle ein resonantes Minimum mit einer Breite, die gleich der homogenen Breite ist und im

Zentrum der DOPPLER-verbreiterten Absorptionslinie liegt. Experimente zur Spektroskopie innerhalb der DOPPLER-Breite wurden mit dieser Methodik, die heute allgemein eingeführt ist, zuerst in der Arbeit [115] durchgeführt. In Abbildung 29 sind die Spektren der nichtlinearen Absorption zweier monoisotroper Moleküle OsO_4 in der Umgebung mehrerer Linien des CO_2-Lasers dargestellt, wie sie in [116] erhalten worden sind. Die Breite

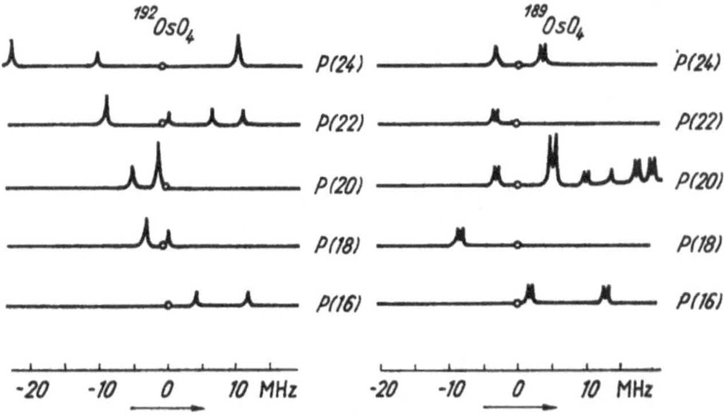

Abb. 29. Spektren der gesättigten Absorption der Moleküle $^{192}OsO_4$, und $^{189}OsO_4$, vermessen mit Hilfe einiger Linien des *P*-Zweiges eines CO_2-Lasers bei 10,6 µm (die Punkte deuten die Zentren der Verstärkungslinien des CO_2-Lasers an)

der schmalen Resonanzlinien ist etwa 100 kHz, das heißt 200mal kleiner als die DOPPLER-Breite der Rotations-Schwingungs-Linien des Bandes ν_3 des Moleküls OsO_4. Es ist sehr deutlich zu sehen, daß die Resonanzen der Linien des Moleküls $^{189}OsO_4$ im Unterschied zu denen des $^{192}OsO_4$ eine Dublettstruktur aufweisen. Das kann durch die Quadrupolaufspaltung der Schwingungs-Rotationslinien auf Grund des Quadrupolmomentes des ungeraden Kerns des ^{189}Os erklärt werden. Gewöhnlich ist die Quadrupolstruktur durch die DOPPLER-Verbreiterung überdeckt und kann mit den Methoden der linearen Spektroskopie nicht beobachtet werden. Die angeführten Daten demonstrieren die Effektivität der Methoden einer nichtlinearen Spektroskopie ohne DOPPLER-Verbreiterung. Besonders reichhaltige Möglichkeiten eröffnen sich für die Untersuchung der Spektrallinienstruktur, die durch den DOPPLER-Effekt überdeckt ist, durch die Anwendung von Lasern mit schmalen und frequenzabstimmbaren Emissionslinien. Die ersten Experimente dieser Art sind schon mit kontinuierlich arbeitenden „Spin-Flip"-Lasern durchgeführt worden. Bei Linien der Absorptionsbande des H_2O im Bereich von 1890 cm^{-1} wurden schmale Resonanzen mit einer Breite von 200 kHz beobachtet, das heißt, es wurde ein Auflösungsvermögen von $R = 3 \cdot 10^8$ [117] erreicht.

Gleichzeitig mit der resonanten Verringerung der gesättigten Absorption bei der Abstimmung der Frequenz der stehenden Welle auf die Frequenz des Zentrums der DOPPLER-verbreiterten Linie ergibt sich eine resonante Veränderung der Gesamtzahl der Teilchen auf jedem der betrachteten Übergangsniveaus, unabhängig von ihrer Geschwindigkeit (Abb. 30). Die Gesamtbesetzung des oberen Niveaus hat ein resonantes Minimum, die des unteren Niveaus eine resonante Spitze. Dieser Effekt erhöht die Möglichkeiten der nichtlinearen Sättigungs-Absorptionsspektroskopie, da es eine Reihe von effektiven Methoden zur Registrierung der Gesamtzahl der Besetzungen der Niveaus gibt, so zum Beispiel die Messung der Fluoreszenzintensität der Teilchen aus dem angeregten Zustand. Eine solche Methode der Sättigungs-Absorptionsspektroskopie wurde in [118] betrachtet und experimentell in [119] realisiert. Die Besonderheit dieser Methode ist die außerordentliche Empfindlichkeit, wodurch man bei sehr geringen Gasdrücken arbeiten kann (kleiner als 10^{-3} Torr) oder sogar mit Molekularstrahlen.

4.3. Spektroskopie gekoppelter Übergänge

Die schmalen Löcher oder Spitzen in der Geschwindigkeitsverteilung der Atome oder Moleküle in den beiden Niveaus des Überganges, bei dem die kohärente Lichtwelle wirkt, erscheinen auch in solchen Übergängen, die mit dem betrachteten Übergang gekoppelt sind. In Abbildung 31 sind mögliche Konfigurationen zweier ge-

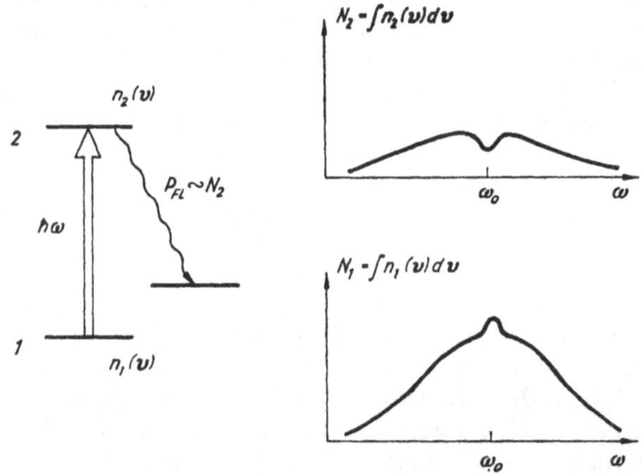

Abb. 30. Die Bildung einer Einbuchtung in die Fluoreszenzkurve P_{FL} unter der Einwirkung einer starken stehenden Welle aufgrund der Abhängigkeit der gesamten Zahl der angeregten Teilchen N_2 von der Frequenz der Welle ω

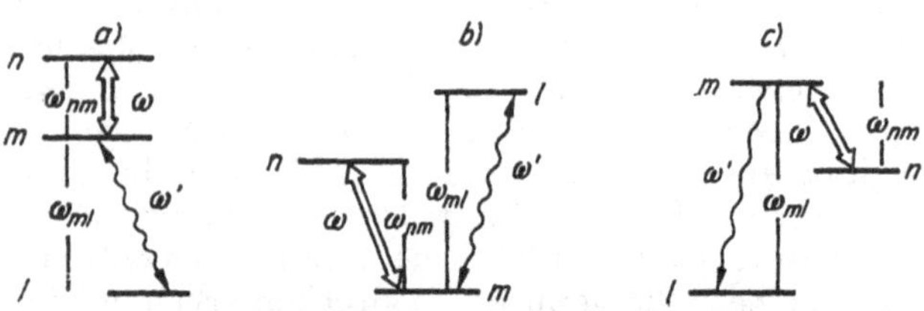

Abb. 31. Die Energieniveaus bei zwei gekoppelten Übergängen: die Kaskaden konfiguration (a) und die „gebrochenen" Konfigurationen (b, c)

koppelter Übergänge $n - m$ und $m - l$ mit dem gemeinsamen Niveau m dargestellt, wobei auf den Übergang $m - n$ ein starkes kohärentes Lichtfeld wirken soll. Betrachten wir zunächst die Form der Spektrallinie des gekoppelten Überganges $m - l$, wobei wir nur die Änderung der Geschwindigkeitsverteilung der Teilchen im gemeinsamen Niveau m berücksichtigen. Ein starkes Feld auf dem Absorptionsübergang $m - n$ ergibt entweder einen BENNETT-dip (bei der Konfiguration in Abbildung 31a, b) oder eine Spitze (bei der Konfiguration der Abbildung 31c) in der Geschwindigkeitsverteilung, deren Halbwertsbreite gegeben wird durch $\Delta v = \frac{\Gamma_B}{k} = \frac{\Gamma_{mn}}{k} \sqrt{1 + G}$, worin $2\Gamma_B$ die Breite des BENNETT-dip, $2\Gamma_{mn}$ die homogene Breite des Überganges $m - n$, G der Sättigungsparameter des Überganges $m - n$ und k der Betrag des Wellenzahlvektors des starken Feldes sind. Die DOPPLER-verbreiterte Linie des Überganges $m - l$ erhält in entsprechender Weise ein Loch oder eine Spitze mit einer Breite $\frac{k'}{k} \Gamma_B$, mit k' als Betrag des Wellenzahlvektors des Probestrahles beim Übergang $m - l$. Da jedoch der Übergang $m - l$ eine endliche natürliche Breite $2\Gamma_{ml}$ hat, so ist die gesamte Halbwertsbreite des Loches oder der Spitze des gekoppelten Überganges gegeben durch

$$\Gamma_0 = \Gamma_{ml} + \frac{k'}{k} \Gamma_{mn} \sqrt{1 + G}. \qquad (4.15)$$

Die Lage dieses Loches oder der Spitze auf der Einhüllenden der DOPPLER-Linie hängt von der Richtung der Beobachtung des gekoppelten Überganges relativ zur Richtung des starken Feldes ab (Abb. 32).

Das hier beschriebene einfache Bild setzt natürlich die Unabhängigkeit der Absorptions- und Emissionsprozesse der Photonen in den Übergängen $n - m$ und $m - l$ voraus. In Wirklichkeit können die beiden Prozesse gleichzeitig erfolgen und können deshalb korreliert sein. Es sind mit anderen Worten Zweiquantenübergangsprozesse aus dem Zustand n in den Zustand l möglich ohne eine reale Verweilzeit im Zwischenzustand m. Das erinnert, wie aus Abbildung 31c hervorgeht, an den Prozeß der RAMAN-Streuung, bei dem ein Photon auf dem Übergang $n - m$ absorbiert wird und gleichzeitig ein Photon im Übergang $m - l$ emittiert wird. Das Vorhandensein eines realen Niveaus macht stufenförmige Einquanten-

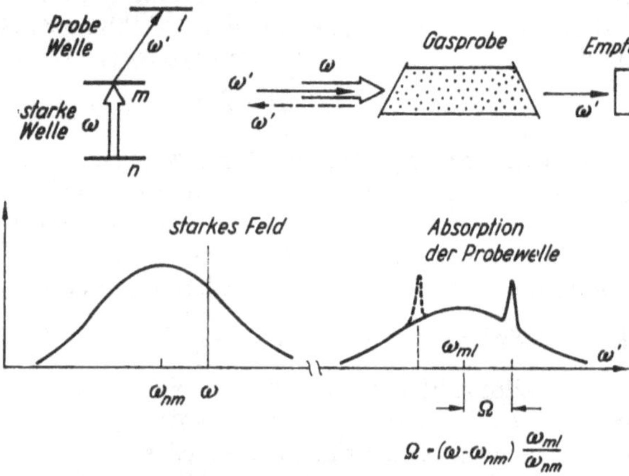

Abb. 32. Die Sättigungsspektroskopie zweier gekoppelter Übergänge:

a) das Schema der Übergänge;

b) das experimentelle Schema;

c) die Form der Absorptionslinie im gekoppelten Übergang, die eine schmale Resonanzspitze bei Beobachtung in Geradeausrichtung (ausgezogene Kurve) oder in Rückwärtsrichtung (punktierte Kurve) enthält

prozesse $n - m - l$ möglich, die im Unterschied zu den Zweiquantenprozessen in zeitlicher Reihenfolge stattfindende unabhängige Absorptions- und Emissionsprozesse darstellen. Falls sich die Relaxationskonstanten der Niveaus stark unterscheiden, wenn zum Beispiel die Lebensdauer des Zwischenzustandes sehr viel kürzer ist als die Lebensdauer des Anfangszustandes $(\gamma_m \gg \gamma_n)$, dann spielt der Zweiquantenprozeß vom Typ der Resonanz-RAMAN-Streuung die dominierende Rolle. Im entgegengesetzten Falle, wenn die Lebensdauer des Zwischenzustandes sehr viel größer ist als die des Anfangszustandes ($\gamma_m \ll \gamma_n$), erfolgt ein Zweistufenprozeß. In diesem Fall ist das oben beschriebene Bild im Rahmen der Änderung der Niveaubesetzungen gültig. Bei etwa gleichen Relaxationskonstanten ($\gamma_m \approx \gamma_n$) laufen beide Prozesse gleichzeitig ab, und es ist prinzipiell unmöglich, den Weg aufzuzeigen, auf dem die Teilchen aus dem Zustand n in den Zustand l gelangt sind. In diesem Fall erfolgt wie gewöhnlich in der Quantenmechanik eine Interferenz beider Prozesse. Die Bedeutung der Zweiquantenprozesse in der nichtlinearen Dreiniveauspektroskopie wurde in der Arbeit [120] aufgezeigt.

In dem Grenzfall $\gamma_m \gg \gamma_n$, bei dem der Zweiquantenprozeß dominiert, entstehen zwei neue Effekte, die beim Zweistufenprozeß $n - m - l$ nicht vorhanden sind, wenn nur die Änderung der Geschwindigkeitsverteilung der Besetzung der Niveaus berücksichtigt wird [121, 122]:

1. Die Breite der schmalen Resonanzen im gekoppelten Übergang $m - l$ ist bei Beobachtung in Vorwärts- und in Rückwärtsrichtung relativ zur Ausbreitungsrichtung des starken Feldes k im Übergang $m - n$ unterschiedlich.
2. Die Breite der schmalen Resonanz im gekoppelten Übergang $m - l$ kann wesentlich kleiner als die natürliche Breite des Überganges Γ_{ml} werden.

Man kann für diese Effekte eine einfache Erklärung finden. Betrachten wir zum Beispiel einen Zweiquantenprozeß im Kaskadenbild der Übergänge, wie er in Abbildung 31a dargestellt ist. Für einen Zweiquantenübergang in diesem Bild ergibt sich für die Frequenzen der Felder und der Übergänge folgende Bedingung:

$$\omega_{nm} + \omega_{ml} = \omega + \omega', \tag{4.16}$$

die die Gleichheit der Gesamtenergie der beiden Photonen und der Differenz des End- und des Anfangszustandes des Teilchens gewährleisten. Diese Bedingung ist nicht so einschneidend wie die Bedingung für zwei aufeinanderfolgende Einstufenprozesse ($\omega_{nm} = \omega$, $\omega_{ml} = \omega'$). Betrachten wir ein Teilchen, das sich mit der Geschwindigkeit $\boldsymbol{v}$ bewegt. Im Koordinatensystem, welches an das Teilchen gebunden ist, ist die Frequenz des Feldes im Übergang $n - m$ gleich $\omega - \boldsymbol{kv}$. Wenn das Teilchen ein Photon im Übergang $m - l$ emittiert, welches die Bedingung der Doppelresonanz (4.16) erfüllt, so beträgt im sich bewegenden Koordinatensystem seine Frequenz $\omega_{nm} + \omega_{ml} - (\omega - \boldsymbol{kv})$. Die Frequenz dieser Photonen hängt im ruhenden Koordinatensystem des Laboratoriums von der Richtung ihrer Ausbreitung $\boldsymbol{k}$ ab:

$$\omega'(\boldsymbol{v}) = \omega_{nm} + \omega_{ml} - \omega + (\boldsymbol{k} + \boldsymbol{k}')\,\boldsymbol{v} \tag{4.17}$$

oder

$$\omega'_{\pm} = \omega_{nm} + \omega_{ml} - \omega + \left(1 \pm \frac{k'}{k}\right) \boldsymbol{kv}, \tag{4.18}$$

worin das Plus-Zeichen einer Beobachtung in $\boldsymbol{k}$-Richtung, das Minus-Zeichen einer Beobachtung in entgegengesetzter Richtung entspricht. Aus der Beziehung (4.18) ist ersichtlich, daß Photonen des Überganges $m - l$, die im Zweiquantenprozeß in entgegengesetzter Richtung zum Vektor $\boldsymbol{k}$ ausgestrahlt werden, nicht so stark von der Geschwindigkeit der Teilchenbewegung abhängen wie bei einer Ausstrahlung in Vorwärtsrichtung. Bei $\boldsymbol{k} = -\boldsymbol{k}'$ verschwindet bei der Emission in Rückwärtsrichtung der Einfluß des Doppler-Effektes. Deshalb hat bei der Beobachtung in Rückwärtsrichtung die schmale Spitze eine Breite von

$$\Gamma_- = \Gamma_{lm} + \left(\frac{k'}{k} - 1\right) \Gamma_B \tag{4.19}$$

und bei Beobachtung in Vorwärtsrichtung

$$\Gamma_+ = \Gamma_{ln} + \left(\frac{k'}{k} + 1\right) \Gamma_B. \tag{4.20}$$

Die Form der Einhüllenden der Doppler-Linie des Überganges $m - l$ bei Vorhandensein eines starken Feldes der

Frequenz ω im Übergang $m - n$ ist für beide Beobachtungsrichtungen in Abbildung 33 dargestellt. Bemerkenswert ist, daß bei einem breiten Zwischenniveau $\Gamma_{lm} \gg \Gamma_{ln}$ die beobachtete Breite der schmalen Spitze im Falle

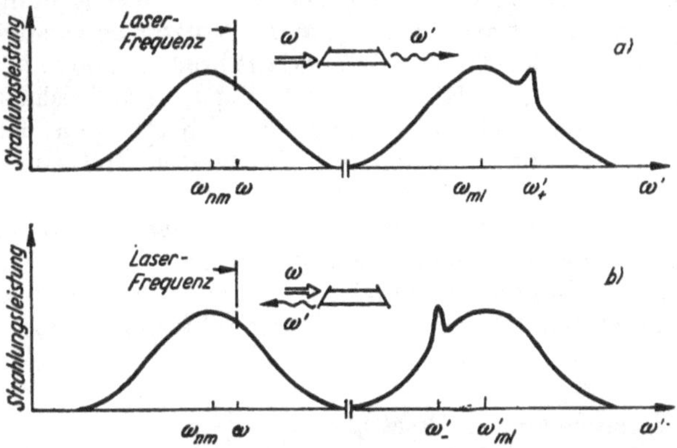

Abb. 33. Das Strahlungsspektrum eines Gases im Übergang $m-l$ bei Anwesenheit eines starken Feldes im gekoppelten verstärkenden Übergang $n-m$ im Falle gleichgerichteter (a) und entgegenlaufender Wellen bei der Kaskadenkonfiguration der Übergänge

$k' \approx k$ sehr viel kleiner sein kann als die homogene Breite des Überganges $m - l$, da diese gegeben ist durch die Breite des Anfangs- (n) und des Endniveaus (l) des Zweiquantenüberganges. Bei $k = k'$ ist die Breite der schmalen Spitze gleich der natürlichen Breite des „verbotenen" Überganges $n - l$, und in diesem Sinne kann man von einer nichtlinearen Spektroskopie innerhalb der natürlichen Breite des Überganges sprechen. Erstmalig wurde dieser Effekt in der Arbeit [122] experimentell beobachtet.

Für Schemata gekoppelter Übergänge, wie sie in Abbildung 31 b und c dargestellt sind, ist die Frequenzbedingung des Zweiquantenüberganges nicht durch die Beziehung (4.16) gegeben, sondern durch

$$\omega_{ml} - \omega_{mn} = \omega' - \omega. \tag{4.21}$$

Für diese Schemata behält alles bislang Gesagte seine Gültigkeit mit Ausnahme der Tatsache, daß die Beziehung (4.19) und die schmale Spitze für die Vorwärtsbeobachtung sowie die Beziehung (4.20) und die breitere Spitze für die Beobachtung in Rückwärtsrichtung gelten. Deshalb müssen für diese Schemata gekoppelter Übergänge in der Abbildung 33 die schmalen und die breiten Spitzen in ihren Plätzen vertauscht werden.

Eine genauere Darlegung der verschiedenen Effekte der nichtlinearen Spektroskopie zweier gekoppelter DOPPLER-verbreiterter Übergänge kann der Leser in den Arbeiten [123, 124] und in der Monographie [4] finden.

4.4. Zweiphotonenspektroskopie

Diese Richtung der nichtlinearen Laserspektroskopie innerhalb der DOPPLER-Linie basiert auf schmalen Resonanzen der Zweiphotonenabsorption, die in der Arbeit [103] vorhergesagt wurden. Betrachten wir einen Zweiquantenübergang eines Atoms oder eines Moleküls im Feld einer stehenden Welle mit der Frequenz ω (Abb. 34). Für die Teilchen, die sich mit einer Geschwindigkeit $\boldsymbol{v}$ bewegen, haben die laufenden Wellen eine Frequenz $\omega \pm \boldsymbol{kv}$. Wenn das Teilchen beide Photonen aus einer laufenden Welle absorbiert, dann können an der Absorption nur Teilchen mit einer bestimmten Geschwindigkeitskomponente teilnehmen, die die Bedingung der Zweiphotonenresonanz $\omega_{12} = 2(\omega \pm \boldsymbol{kv})$ erfüllt. Andererseits besteht eine Möglichkeit für die gleichzeitige Absorption zweier Photonen aus sich entgegenlaufenden Wellen. In diesem Falle fordert die Bedingung der Zweiphotonenresonanz lediglich die genaue Übereinstimmung der doppelten Feldfrequenz mit der Frequenz des Zweiquantenüberganges des Teilchens ($\omega_{12} = 2\omega$), das heißt mit dem Zentrum der DOPPLER-verbreiterten Linie. Bei einer solchen Resonanz tragen zur Zweiquantenabsorption alle Teilchen unabhängig von ihrer Geschwindigkeit $\boldsymbol{v}$ bei, wodurch das Signal der Zweiquantenabsorption

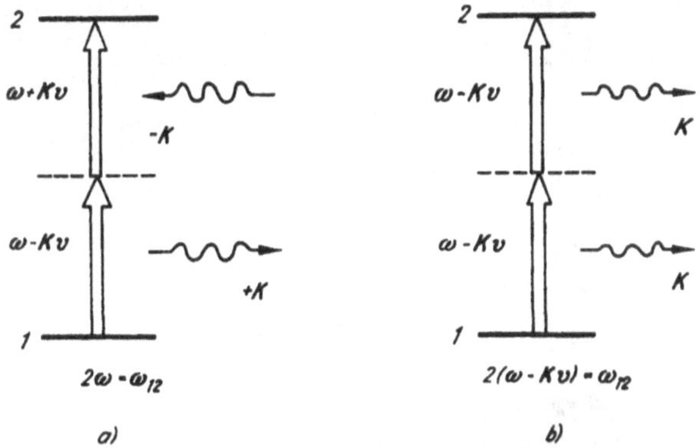

Abb. 34. Kompensation der DOPPLER-Verschiebung bei gleichzeitiger Absorption zweier Photonen aus zwei laufenden Wellen, die sich in entgegengesetzte Richtung ausbreiten (a) und ihr Ausbleiben bei gleichgerichteten Photonen (b)

schlagartig vergrößert wird. Die Linienform der Zweiquantenabsorption bei einem DOPPLER-verbreiterten Übergang im Feld einer stehenden Welle ist in Abbildung 35 dargestellt. Sie ist die Summe der breiten DOPPLER-Kontur, hervorgerufen durch die Zweiquantenabsorption aus zwei Wellen, die in einer Richtung laufen, und einer schmalen Resonanz, die durch die Zweiquantenabsorption aller Teilchen bei $2\omega = \omega_0$ bedingt ist. Die Amplitude der Resonanzspitze im Zentrum der Linie hat einen sehr hohen Kontrast ku/Γ, der dem Verhältnis der DOPPLER-Breite zur homogenen Linienbreite entspricht.

Die ersten experimentellen Beobachtungen der schmalen Zweiphotonenresonanzen wurden im Jahre 1974 gleichzeitig in einigen Laboratorien [125—127] an Übergängen des Natriumatoms im sichtbaren Spektralbereich verwirklicht. In naher Zukunft kann man erwarten, daß diese Methode in der Infrarotspektroskopie der Moleküle innerhalb der DOPPLER-Linie angewendet wird.

Man kann der Zweiphotonenspektroskopie innerhalb der DOPPLER-Linienbreite eine stürmische Entwicklung

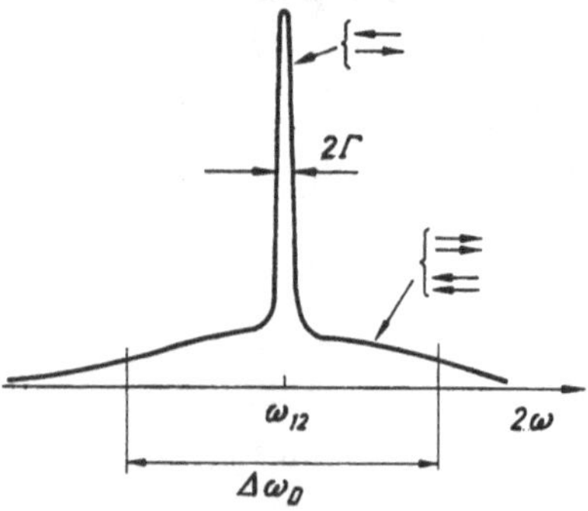

Abb. 35. Die Form der schmalen Resonanz der Zweiphotonenabsorption (die schmale Resonanz wird hervorgerufen durch die Absorption zweier entgegenlaufender Photonen, die „DOPPLER-Schwelle" durch die Absorption gleichlaufender Photonen)

voraussagen, da sie gegenüber der Spektroskopie der Absorptionssättigung einige Vorteile aufzuweisen hat. Erstens nehmen an der Bildung der schmalen Spitze der Zweiphotonenabsorption alle Teilchen unabhängig von ihrer Geschwindigkeit teil, während bei der Methode der Spektroskopie der Absorptionssättigung an der Bildung der schmalen Spitze nur ein geringer Teil der Teilchen beteiligt ist. Für superschmale Resonanzen beträgt der Parameter $\Gamma/ku \approx 10^{-3}-10^{-5}$. Aus demselben Grunde ist der Kontrast der Spitze der Zweiphotonenabsorption $ku/\Gamma \approx 10^3 - 10^5$ mal größer als der Kontrast des LAMB-dip in der Spektroskopie der Absorptionssättigung. Zweitens wird das Auftreten der Spitze der Zweiphotonenabsorption von einer ebensolchen Spitze in der Dichte der angeregten

Teilchen beim Durchgang der Frequenz der stehenden Lichtwelle durch das Zentrum des DOPPLER-verbreiterten Überganges begleitet. Da zum Nachweis von Teilchen im angeregten Zustand eine Reihe von empfindlichen Methoden zur Verfügung stehen, können mit der Methode der Zweiphotonenspektroskopie Experimente mit einer geringen Teilchenzahl, zum Beispiel mit Atomstrahlen, durchgeführt werden. Drittens hängt die Breite der Zweiphotonenresonanz nicht von der Krümmung der Wellenfront der stehenden Welle ab, da in einem Raumpunkt gleichzeitig zwei Photonen mit den Wellenvektoren $\boldsymbol{k}$ und $-\boldsymbol{k}$ absorbiert werden. Das ist ein sehr prinzipieller Unterschied zur Spektroskopie der Absorptionssättigung, bei der der Wellenvektor $\boldsymbol{k}$ ein und dieselbe Richtung in allen Punkten des Querschnittes der stehenden Welle haben muß, um eine schmale Resonanz zu erreichen. Durch diesen Unterschied können Lichtbündel mit großem Querschnitt (einige zehn Zentimeter) in der Zweiphotonenspektroskopie verwendet werden, wodurch eine Auflösung von mehr als 10^{10} erreicht werden kann. Weiterhin kann der Beitrag der Durchflugsverbreiterung bei der Zweiphotonenresonanz sehr klein gehalten werden. In der Tat hängt die Wahrscheinlichkeit des Zweiphotonenüberganges nicht von der Geschwindigkeitsrichtung des Atoms relativ zur stehenden Welle ab. Deshalb kann man, wenn man Atomstrahlen verwendet, die längs der stehenden Welle gerichtet sind, Wechselwirkungslängen der Größenordnung 100 cm und mehr erreichen, was einer Verbreiterung der Linie von ganzen 100 Hz entspricht [128].

4.5. Vergleich der verschiedenen Methoden

Vergleich des Auflösungsvermögens. Es ist sehr instruktiv, die Möglichkeiten der verschiedenen Methoden der nichtlinearen Laserspektroskopie vom Standpunkt ihres maximalen Auflösungsvermögens zu betrachten. In der Spektroskopie der Absorptionssättigung wird praktisch der Hauptanteil zur „Apparate"-Breite durch die Effekte der Resonanzverbreiterung infolge der endlichen Wechselwirkungszeit der Teilchen mit dem Feld, der sogenannten Durchflugsverbreiterung $\Delta\omega_d = \frac{v_0}{d}$ (d — Durchmesser des Lichtstrahles, v_0 — mittlere thermische Geschwindigkeit der Teilchen) und der geometrischen Verbreiterung auf Grund der Krümmung der Wellenfront des Lichtstrahles $\Delta\omega_{\text{geom}} \approx \Delta\omega_d \cdot \frac{\delta l}{\lambda}$ (δl — maximale Abweichung der Fläche der Wellenfront von der Ebene) geliefert. In den Experimenten der Arbeit [129] zur Erzielung schmaler Resonanzen bei der gesättigten Absorption von CH_4 im Schwingungs-Rotations-Übergang $F_1^{(2)}P(7)$ ($\lambda = 3{,}39$ µm) mit einer Breite von etwa 10 kHz oder einem Auflösungsvermögen von $R = 10^{10}$, das zur Auflösung der magnetischen Hyperfeinstruktur notwendig war, wurde ein Lichtstrahl mit einem Durchmesser von $a = 5$ cm mit einer Ebenheit der Wellenfront von einigen Bruchteilen der Wellenlänge gefordert. Die geringste Breite einer Resonanzspitze, die mit der Methode der Absorptionssättigung erhalten wurde, beträgt 3 kHz ($R = 2{,}4 \cdot 10^{10}$; CH_4) [130]. Dieser Wert ist ein Spitzenwert für die Methoden der nichtlinearen Spektroskopie. Das heißt, die zwei obenerwähnten Effekte begrenzen zur Zeit die Auflösung der Methode der Absorptionssättigung bei 10^{10} — 10^{11}, noch ehe die Resonanzverbreiterung infolge des quadratischen DOPPLER-Effektes eine Rolle spielt. Es ist selbstverständlich, daß in beliebigen Methoden gefordert wird, daß die Linienbreite der Laserstrahlung, mit der die schmale Resonanz innerhalb der DOPPLER-Linie nachgewiesen werden soll, kleiner ist als die Linie dieser Resonanz. Dazu sind Laser mit sehr hoher Kurzzeitstabilität der Frequenz erforderlich, da gerade diese für die Verbreiterung des Spektrums der Laserstrahlung verantwortlich ist.

Wie schon oben erwähnt, kann in der Zweiphotonenspektroskopie die Durchflugsverbreiterung wesentlich verringert werden, wenn die Teilchen sich nicht senkrecht zum Strahl, sondern längs zu ihm bewegen [128]. In der Praxis sind Wechselwirkungslängen von ein bis zwei Metern durchaus zu verwirklichen, das heißt, man kann einen Wert von $\Delta\omega_d \leqslant 10^3\,\mathrm{s}^{-1}$ erreichen. Wesentlich dabei ist, daß in dieser Methode der Einfluß der geometrischen Verbreiterung auf Grund der Krümmung der Wellenfront ausgeschlossen werden kann. Die hauptsächliche Begrenzung der Auflösung dieser Methode hängt mit dem quadratischen Doppler-Effekt zusammen, der die Abhängigkeit der zentralen Frequenz des Teilchens von seiner absoluten Geschwindigkeit v bewirkt. Die thermische Verteilung der absoluten Geschwindigkeit der Teilchen führt zur unvermeidlichen Resonanzverbreiterung bis zu einer Größe von $\Delta\omega_{quD} \approx \omega_0 \left(\frac{k_B T}{M c^2}\right) \approx \omega_0 \left(\frac{v_0}{c}\right)^2$ (T — Gastemperatur, M — Teilchenmasse, c — Lichtgeschwindigkeit) und zur Begrenzung des Auflösungsvermögens der Methode bei $R = (c/v_0)^2 \approx 10^{12}$.

Somit können die bestehenden Methoden der nichtlinearen Spektroskopie innerhalb der Doppler-Linie prinzipiell kein Auflösungsvermögen besser als 10^{12} gewährleisten, und die Suche nach neuen Methoden ist von großem Interesse. In diesem Zusammenhang ist es zweckmäßig, die Möglichkeit einer dritten Methode der Spektroskopie innerhalb der Doppler-Linie zu erwähnen, die auf der Idee der eingeschlossenen Teilchen [16, 104] beruht. Obwohl diese Methode noch nicht über den Rahmen theoretischer Überlegungen hinausgekommen ist, sind ihre potentiellen Möglichkeiten jedoch sehr groß.

Die Methode der eingeschlossenen Teilchen. Diese Methode beruht auf folgender Idee. Die Doppler-Verschiebung der Absorptions- oder Emissionsfrequenz kann man beseitigen, wenn man die Translationsbewegung der Teilchen in eine Bewegung mit begrenzter Amplitude umwandelt, die kleiner als die Wellenlänge der Strahlung ist, zum Beispiel in eine Oszillationsbewegung mit der Amplitude $a \ll \lambda$. Eine ähnliche Art wird in der Puffergasmethode von DICKE im Hochfrequenzbereich verwendet [69], in der die mittlere freie Weglänge der Teilchen sehr viel kleiner als die Wellenlänge λ gehalten wird. Im optischen Bereich fordert diese Methode eine Einengung der Teilchenbewegung auf ein sehr kleines Volumen von λ^3. Vom Autor der Arbeit [104] wird dazu vorgeschlagen, eine intensive nichtresonante stehende Lichtwelle zu verwenden, die die Funktion eines räumlich-periodischen Potentialfeldes ausübt, in dem die Teilchen mit hinreichend kleiner Geschwindigkeit festgehalten werden. Auf ein neutrales Teilchen (Atom oder Molekül) wirkt im hochfrequenten elektromagnetischen Feld eine Kraft, die proportional dem Gradienten des mittleren Quadrates der elektrischen Feldstärke ist. Unter dem Einfluß dieser Kraft werden die Teilchen in die Bäuche der stehenden Welle hineingezogen bzw. aus ihnen herausgestoßen.

Die Tiefe der Potentialgruben in den Bäuchen der stehenden Welle beträgt $U_m = 2\pi\alpha I/c$ mit α als Polarisierbarkeit des Teilchens im nichtresonanten Feld, I als Bestrahlungsstärke und c als Lichtgeschwindigkeit. Bei gewöhnlichen Polarisierbarkeiten von Atomen und Molekülen von $\alpha = 3 \cdot 10^{-24}$ cm^3 in einer stehenden Welle mit einer Bestrahlungsstärke von $I = 10^3$ W/cm^2 beträgt die Tiefe der Potentialgrube $U_m = 3{,}9 \cdot 10^{-12}$ eV. In einer solchen Potentialgrube können nur Teilchen mit einer kinetischen Energie von $Mv^2/2 < U_m$ festgehalten werden, das heißt Teilchen, deren Geschwindigkeit 10^4—10^5 mal kleiner ist als die mittlere thermische Geschwindigkeit v_0. Für einen dreidimensionalen Einschluß kann man eine dreidimensionale stehende Welle verwenden, die aus drei senkrecht zueinander angeordneten stehenden Wellen gebildet wird [16]. Im Überlagerungsgebiet dieser drei stehenden Wellen werden sich Teilchen mit Geschwindigkeiten bewegen, die kleiner sind als eine kritische Geschwindigkeit $v_{kr} = (2\,U_m/M)^{1/2}$. Diese begrenzte Bewegung erfolgt in einem Volumen mit dem Inhalt $(\lambda/2)^3$. Für diese Teilchen verschwindet die Verbreiterung infolge des DOPPLER-Effektes, und im Zentrum jeder Spektrallinie bildet sich eine schmale Komponente mit der natürlichen Linienbreite 2Γ. Es versteht sich von selbst, daß die Anwendung dieser Methode nur möglich ist, falls $\Gamma \ll kv_{kr}$.

Das Hauptproblem dieser Methode besteht in der Empfindlichkeit des Nachweises dieser schmalen Resonanzen, da zu ihrer Bildung nur ein verschwindend kleiner Teil aller Teilchen aus der thermischen Verteilung beiträgt, der annähernd gegeben wird durch das Verhältnis $(v_{kr}/v_0)^3 \approx 10^{-12}-10^{-15}$. Bei niedrigen Gasdrücken, die zur Beseitigung von Stößen und zur Erzielung einer kleinen homogenen Breite 2Γ notwendig sind, wird im Mittel pro cm^3 nur ein Teilchen oder noch weniger eingeschlossen sein. Diese Zahl ist um einige Größenordnungen kleiner als die Dichte der eingeschlossenen Teilchen in dem Fall, in dem in jedem Elementarvolumen des Einschlusses $(\lambda/2)^3$ ein Teilchen eingeschlossen ist. Prinzipiell kann man diese Schwierigkeit völlig umgehen, indem man eine Aussonderung der langsamen Teilchen durchführt und diese sukzessiv in einem Volumen speichert, welches durch die dreidimensionale Lichtwelle ausgefüllt wird, bis man eine Teilchendichte von $N_{max} \approx (2/\lambda)^3$ erreicht hat.

Unabhängig von den offensichtlichen Schwierigkeiten bei der praktischen Realisierung der Methode der Spektroskopie eingeschlossener Teilchen verdient sie auf Grund ihres universellen nichtresonanten Charakters Aufmerksamkeit. Wenn man ein intensives Lichtfeld bei einer einzigen Frequenz außerhalb der Resonanzübergänge eines Teilchens hat, dann kann man schmale Resonanzen im Zentrum der DOPPLER-verbreiterten Übergänge für beliebige Teilchen erhalten. Äußerst wichtig dabei ist die Tatsache, daß bei der Methode der eingeschlossenen Teilchen alle Effekte verschwinden, die das Auflösungsvermögen der Methoden der Spektroskopie der Absorptionssättigung und der Zweiphotonenspektroskopie begrenzen, mit Ausnahme des einen Effektes natürlich, der Verbreiterung der Linie der Laserstrahlung, mit der die schmale

Resonanz nachgewiesen wird. In Tabelle 10 ist ein Vergleich des durch die Apparatur begrenzten Auflösungsvermögens aller drei Methoden der nichtlinearen Laserspektroskopie zusammengestellt.

Die Idee der eingeschlossenen Teilchen zur Beseitigung

Tabelle 10

Durch die Apparatur bedingte Begrenzung des Auflösungsvermögens der Methoden der nichtlinearen Laserspektroskopie

Effekt	Spektroskopie der Absorptionssättigung	Zweiphotonenspektroskopie	Spektroskopie der eingeschlossenen Teilchen
1. Durchflugsverbreiterung	vorhanden	wesentlich verringert	nicht vorhanden
2. Geometrische Verbreiterung	vorhanden	nicht vorhanden	nicht vorhanden
3. Quadratischer DOPPLER-Effekt	vorhanden	vorhanden	nicht vorhanden
4. Linienbreite der Laserstrahlung	vorhanden	vorhanden	vorhanden
Durch die Apparatur gegebene Auflösungsgrenze R	$10^{10}-10^{11}$	$10^{12}-10^{13}$	$10^{13}-10^{15}$

des DOPPLER-Effektes ist ungeachtet der Kompliziertheit der praktischen Durchführung hinreichend real. Davon zeugen neuere Arbeiten [131, 132], in denen vorgeschlagen wurde, die Spektrallinien von *Ionen* infolge ihres Einschlusses in ein Hochfrequenzfeld in einem Gebiet mit den linearen Dimensionen von 10 μm einzuengen. Bei verbotenen Übergängen der Ionen Tl^+, Al^+ und anderen erwartet man, daß ein Auflösungsvermögen von $R > 10^{14}$ erreicht werden kann. Die Physik der Beseitigung des DOPPLER-Effektes ist in diesem Falle dieselbe wie bei dem oben betrachteten Einschluß neutraler Teilchen in einer stehenden Lichtwelle, obwohl die Mechanismen des Einschlusses verschieden sind.

Vergleich der Empfindlichkeit der Methoden. Im allgemeinen wird die Empfindlichkeit des Nachweises einer schmalen Resonanz mit irgendeiner Methode durch die maximale Leistung ΔP, die die Teilchen aus der Lichtwelle beim Übergang 1—2 absorbieren können, bestimmt. Teilchen, die zur Bildung der schmalen nichtlinearen Resonanz mit einer homogenen Halbwertsbreite Γ beitragen, können keine induzierten Quantenübergänge zwischen den Niveaus 1 und 2 unter der Wirkung des Lichtfeldes mit Änderungsraten größer als Γ durchführen. Folglich ist die maximale in der Volumeneinheit absorbierte Leistung gleich

$$\Delta P \lessapprox \hbar\omega_{12}\Gamma N_{\text{ww}}, \tag{4.22}$$

mit N_{ww} als Teilchendichte, die resonant mit der Lichtwelle wechselwirkt. In der Spektroskopie der Absorptionssättigung befindet sich ein geringer Teil aller Teilchen mit einer bestimmten Geschwindigkeitskomponente in Resonanz mit dem Feld, das heißt $N_{\text{ww}} \approx (\Gamma/ku)\,N_0$ mit N_0 als Gesamtteilchendichte in den Niveaus 1 und 2. Somit fällt die Empfindlichkeit dieser Methode proportional mit der Einengung der schmalen Resonanz ab.

In der Zweiphotonenspektroskopie befinden sich alle Teilchen unabhängig von ihrer Geschwindigkeit in Resonanz mit der stehenden Welle. Bei dieser Methode ist $N_{\text{ww}} = N_0$, was einen wesentlichen Gewinn in der Empfindlichkeit bringt, der in der Größenordnung von $(ku/\Gamma) \approx 10^3 - 10^5$ bei der Beobachtung sehr schmaler Resonanzen liegt. Natürlich benötigt man für Übergangsraten der induzierten Zweiquantenübergänge der Größe Γ wesentlich höhere Bestrahlungsstärken der stehenden Welle als in der Spektroskopie der Sättigung der Einphotonenübergänge. Das ist jedoch von rein praktischem Interesse.

In der Spektroskopie der eingeschlossenen Teilchen ist die Zahl der wechselwirkenden Teilchen N_{ww} im wesentlichen gleich der Zahl der eingeschlossenen Teilchen N_e.

Bei vollständigem (dreidimensionalem) Einschluß im Überdeckungsgebiet dreier zueinander senkrecht stehender Wellen, das heißt beim Einschluß der Teilchen in einem Volumen von $(\lambda/2)^3$, fällt die Empfindlichkeit proportional zu $(v_{kr}/v_0)^3$ ab. Der sehr geringe Teil von Teilchen eines sich im thermischen Gleichgewicht befindlichen Gases mit einer absoluten Geschwindigkeit $v < v_{kr}$ macht eine Speicherung langsamer Teilchen zur Registrierung der schmalen Resonanzen erforderlich.

Um sehr schmale Resonanzen bei einer beliebigen der oben erwähnten Methoden zu erreichen, muß man natürlicherweise den Einfluß der Teilchenstöße beseitigen, zumindest in dem Maße, daß die Stoßverbreiterung $2\Gamma_{St}$ kleiner ist als die geforderte Resonanzbreite 2Γ. Das wird durch Verringerung des Druckes bis zu Werten erreicht, die weit unterhalb 10^{-3} Torr liegen, was wiederum eine Verringerung von N_{ww} und damit einen Abfall der Empfindlichkeit der Methode hervorruft.

Die Empfindlichkeit jeder der drei Methoden der nichtlinearen Spektroskopie hängt wesentlich von der Methode des Nachweises der im Gas absorbierten Leistung ΔP ab. Gewöhnlich wird die Änderung der Leistung P der Welle, die die schmale Resonanz nachweist, nach dem Durchgang durch die Gasküvette gemessen. Bei geringer Absorption ($\Delta P \ll P$) ist eine solche Änderung sehr gering, und die Empfindlichkeit wird durch das Schrot-Rauschen des Empfängers begrenzt, das durch die Grundwelle mit der Leistung P am Empfänger hervorgerufen wird. Es ist deshalb zweckmäßiger, unmittelbar die Größe der absorbierten Leistung ΔP nachzuweisen. Das ist zum Beispiel möglich, falls die angeregten Teilchen fluoreszieren, dann kann man die schmale Resonanz an Hand der Fluoreszenzleistung registrieren [118, 119]. In diesem Fall trifft auf den Empfänger nicht die Grundstrahlung auf, und die Empfindlichkeit des Nachweises der schmalen Resonanzen wächst ganz erheblich. So werden zum Beispiel im Massachusetts Institute of Technology (USA) die schmalen Resonanzen der Fluoreszenz des Moleküls CO_2

bei der Sättigung der Absorption durch die Strahlung eines CO_2-Lasers bei Drücken von 10^{-5} Torr des CO_2-Gases registriert, was einen Spitzenwert darstellt. Diese Methode des Nachweises der schmalen Resonanzen ist ebenso bei den Methoden der Zweiphotonenspektroskopie und der Spektroskopie der eingeschlossenen Teilchen anwendbar. So kann man zum Beispiel bei der Beobachtung eingeschlossener Teilchen durch die Fluoreszenzmethode unter Zuhilfenahme eines frequenzabstimmbaren Lasers im sichtbaren oder im ultravioletten Spektralbereich im Prinzip Empfindlichkeiten erreichen, die zum Nachweis einzelner Teilchen ausreichend sind. Eine solche Möglichkeit ist zum Beispiel in [132] für das Ion Tl^+, welches im elektromagnetischen Feld eingeschlossen ist, betrachtet worden. Hier soll noch darauf hingewiesen werden, daß es prinzipiell möglich ist, angeregte Teilchen auch mit anderen Methoden nachzuweisen, so zum Beispiel durch induzierte Übergänge in höher gelegene Niveaus oder durch unmittelbaren Nachweis der angeregten Teilchen in Experimenten mit Atomstrahlen. Diese Möglichkeiten sind noch nicht realisiert worden, sie versprechen allerdings eine wesentliche Erhöhung der Empfindlichkeit aller betrachteten Methoden der nichtlinearen Spektroskopie in Experimenten mit sehr niedrigen Atom- und Moleküldichten.

4.6. Anwendungsgebiete

Die Methoden der nichtlinearen Laserspektroskopie entwickeln sich hinreichend schnell, und man kann heute schon drei Hauptrichtungen ihrer Anwendung herauskristallisieren: Sammlung neuer spektroskopischer Informationen, Präzisionsmessung von Konstanten und damit verbundene metrologische Anwendungen sowie die angewandte Spektroskopie.

Neue spektroskopische Informationen. Das Auflösungsvermögen der klassischen Spektrometer ist gegeben durch die Breite der Apparatefunktion des Spektralgerätes, die gewöhnlich sehr viel größer ist als die Breite einzelner Spektrallinien. Deshalb kann man mit den klassischen Spektrometern keine Messungen der wirklichen Struktur und der Form der Spektrallinien durchführen, das heißt, man kann keine vollständige spektroskopische Information erhalten. Das ist besonders beeinträchtigend bei der Spektroskopie von Molekülen in der Gasphase im infraroten Gebiet, in dem man nur mit unikalen Geräten (Spektrometer mit Beugungsgittern großer Abmessungen — 30—50 cm!! — oder FOURIER-Spektrometern mit großer Basis — 50—100 cm!!) eine Auflösung der Größenordnung 0,01 cm^{-1} erreichen kann, die Auflösung der besten kommerziellen Spektralgeräte jedoch (M-180 Perkin-Elmer) beträgt nur 0,1 cm^{-1}, das heißt, sie liegt 10^2 mal über dem Wert der DOPPLER-verbreiterten Spektrallinie im Gas. Die Methoden der Laserspektroskopie erlaubten nicht nur, ein Auflösungsvermögen von $R \approx 10^6$ zu erreichen, welches zur Vermessung der Struktur und der Form der DOPPLER-verbreiterten Spektrallinien hinreichend ist (Kap. 3), sondern waren auch in der Lage, die Struktur von Spektrallinien, die durch die auf Grund der thermischen Bewegung der Teilchen hervorgerufene DOPPLER-Verbreiterung verdeckt ist, zu untersuchen. In der heutigen Zeit werden Experimente mit einer Auflösung von 10^8 schon als üblich betrachtet. In den genauesten Experimenten, die mit der Methode der Absorptionssättigung durchgeführt wurden, wurde ein Auflösungsvermögen von etwa 10^{10} erreicht, was etwa 10^5mal die Auflösung der besten klassischen Spektrometer übersteigt und 10^4mal die Auflösung der linearen Laserspektrometer. Der angeführte Vergleich der Methoden der nichtlinearen Laserspektroskopie weist aus, daß man Auflösungsvermögen in der Größenordnung von 10^{13} bis 10^{15} erreichen kann, die durch die fundamentale Grenze, nämlich durch die natürliche Linienbreite des Spektrums der Laserstrahlung bestimmt werden. Die Grundlage für die Entwicklung der Methoden der nichtlinearen Laserspektroskopie mit Auflösungsvermögen in der Größenordnung von 10^{13} bis 10^{15} sind die Laser mit sehr großer Frequenzstabilität ($\Delta\omega/\omega \approx 10^{-13}$ bis 10^{-15} für einige Sekunden)[1]). Diese hochstabilen Laser, die im wesentlichen unikale Anlagen sind, werden in vielen Laboratorien einer Reihe von Ländern untersucht (siehe zum Beispiel [143]). Unter anderem wurde im Institut für Halbleiterphysik der AdW der UdSSR in Nowosibirsk eine Frequenzstabilität eines He—Ne/CH_4-Lasers bei 3,39 μm von etwa 10^{-14} erreicht. Deshalb ist es durchaus legitim, folgende Frage aufzustellen: Welche neue spektroskopische Information wird mit den Methoden der nichtlinearen Laserspektroskopie von Atomen und Molekülen innerhalb der DOPPLER-Verbreiterung zugänglich?

Folgende spektroskopische Effekte in den Atomen erfordern eine Untersuchung unter Ausschluß der DOPPLER-Verbreiterung:

1. Feinstruktur von hochangeregten Zuständen ($R = 10^5 - 10^7$),
2. Isotopiestruktur ($R = 10^5 - 10^7$),
3. Hyperfeinstruktur einschließlich der Atome mit isomeren Kernen ($R = 10^5 - 10^8$),
4. relativistische Effekte, darunter die LAMB-Verschiebung ($R = 10^6 - 10^8$),
5. Strahlungsverbreiterung der Spektrallinien ($R = 10^6 - 10^9$),
6. Stoßverbreiterung der Spektrallinien ($R = 10^7 - 10^9$ bei einem Druck von 1 Torr).

Die Ausdrücke in den Klammern geben das zum Nachweis dieser Effekte notwendige Auflösungsvermögen an.

Die Multiplett- oder Feinstruktur kann man gewöhnlich mit klassischen Methoden gut nachweisen, bei hochangeregten Zuständen verringert sich jedoch die Feinstrukturaufspaltung proportional zu n^3 (n — Hauptquantenzahl) und fällt in die DOPPLER-Breite. Das Studium der Iso-

---

[1]) Siehe V. S. LETOKHOV, Science, **190**, Nr. 4212, 344 (1975).

topiestruktur und der Hyperfeinstruktur, die durch den Spin und das Quadrupolmoment der Kerne bestimmt sind, darunter auch der angeregten Kerne (isomere Hyperfeinstruktur), erfordern eine Auflösung im Bereich von $10^5 - 10^8$. Viele der Komponenten der Isotopie- und der Hyperfeinstruktur können durch klassische Geräte mit einem hohen Auflösungsvermögen aufgelöst werden (FABRY-PEROT-Interferometer), um jedoch eine vollständige Information der Struktur zu erhalten, muß man in die DOPPLER-verbreiterte Linie eindringen. Bis zur Einführung der nichtlinearen Laserspektroskopie konnte man das in einigen Fällen durch Einengung der Spektrallinien im Atomstrahl oder mit den Methoden der Hochfrequenzspektroskopie der Grundzustände und einiger angeregter Zustände erreichen. Wie weiter oben in Abschnitt 4.1. bemerkt, benötigte man zur Auflösung der Hyperfeinstruktur der Natrium-D-Linie einen Atomstrahl, während man bei der Methode der Absorptionssättigung ohne weiteres mit Gasen bei niedrigem Druck experimentieren kann [133]. Ein klassisches Beispiel ist die LAMB-Verschiebung, die zum Beispiel für das 2 S-Niveau des Wasserstoffatoms eine Größenordnung kleiner ist als die DOPPLER-verbreiterte Linie H_α. Um diese zu beobachten, mußte man die Techniken der Hochfrequenzspektroskopie angeregter Zustände von Atomen im Atomstrahl anwenden [96]. Heute werden diese Messungen mit der Methode der Spektroskopie der Absorptionssättigung durchgeführt [134]. In Abbildung 36 sind die Ergebnisse eines Experimentes, das in der Stanford-Universität [134] mit einem gepulsten Farbstofflaser mit schmaler Linienbreite durchgeführt wurde, dargestellt. Hier wurde eine einfache WOODsche Entladungsröhre bei Zimmertemperaturen betrieben und erstmalig die LAMB-Verschiebung unmittelbar im optischen Spektrum mit der Methode der Absorptionssättigung beobachtet. Bei einer DOPPLER-Breite der H_α-Linie von ungefähr 600 MHz wurden Resonanzen in der Absorption der schwachen gegenläufigen Welle von 25 MHz Breite beobachtet. Diese Art von Messungen kann auf eine ganze Reihe von Atom- und Ionenniveaus erweitert werden. Besonders soll hier die Brauchbarkeit der Methoden der nichtlinearen Laserspektroskopie hervorgehoben werden, mit sehr einfachen Mitteln die Ver-

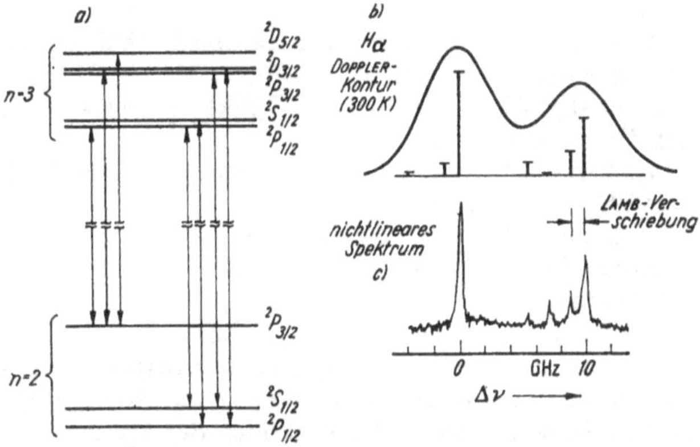

Abb. 36. Energieniveauschema und Übergänge, die für die Feinstruktur der H_α-Linie des Wasserstoffs maßgebend sind (a); das DOPPLER-Profil der BALMER-Linie und die theoretische Lage der Komponenten (b); das Spektrum der nichtlinearen Absorption der Linie H_α (c) [134]

breiterung der Spektrallinien auf Grund des Strahlungszerfalls und der Stöße, die innerhalb der DOPPLER-Linie liegen, zu messen. Der Wert und die Durchschlagskraft der Methoden der nichtlinearen Spektroskopie liegen bei den aufgezählten Problemen der Atomspektroskopie vor allem darin, daß sie es systematisch ermöglichen, mit einer begrenzten Zahl von Methoden die gesamte spektroskopische Information praktisch beliebiger Atome und Ionen mit anderweitig nicht erreichbarer Genauigkeit auf systematische Art und Weise zu erhalten.

In der Molekülspektroskopie, besonders im infraroten Spektralbereich, können die klassischen Methoden nicht annähernd eine zufriedenstellende Auflösung gewährleisten. Deshalb konnte man erst nach Bereitstellung der Laser mit der Möglichkeit einer Auflösung besser als 10^5 in der Infrarotspektroskopie der Moleküle rechnen. Folgende spektroskopische Effekte erfordern in der Infrarotspektroskopie der Moleküle die Beseitigung des DOPPLER-Effektes:

1. Stoßverbreiterung der Spektrallinien (bei einem Druck von einem Torr $R = 10^7 - 10^8$),
2. STARK-Effekt und ZEEMAN-Effekt in schwachen Feldern ($R = 10^6 - 10^9$),
3. Hyperfeinstruktur auf Grund der Quadrupolwechselwirkung ($R = 10^6 - 10^8$),
4. magnetische Hyperfeinstruktur ($R = 10^9 - 10^{11}$),
5. isomere Verschiebung auf Grund der Kernanregung ($R = 10^8 - 10^{10}$),
6. Frequenzunterschiede von „linkshändigen" und „rechtshändigen" Molekülen (optischen Antipoden) auf Grund schwacher Wechselwirkungen ($R = 10^{13} - 10^{15}$).

In erster Linie gestatten die Methoden der Spektroskopie innerhalb der DOPPLER-Linienbreite die Untersuchung der Stöße bei niedrigeren Drücken, wo die Stoßverbreiterung wesentlich kleiner ist als die DOPPLER-Verbreiterung. Bei sehr niedrigen Gasdrücken wird die Stoßfrequenz vergleichbar mit der Zerfallgeschwindigkeit der Niveaus, und deshalb gewinnt die elastische Streuung der stoßenden Teilchen Einfluß auf die Form der schmalen Resonanzen. Das führt zum Beispiel zur nichtlinearen Druckabhängigkeit der Frequenzverbreiterung und der Frequenzverschiebung der schmalen Resonanzen für Schwingungs-Rotationsübergänge der Moleküle. In Abbildung 37 ist die in Arbeit [135] gemessene Abhängigkeit der Breite einer solchen schmalen Resonanz vom Druck bei Methan dargestellt. In diesem Experiment wurde die Methode der Absorptionssättigung von CH_4 in einer Küvette innerhalb des Resonators eines He—Ne-Lasers bei der 3,39 μm-Linie verwendet. Die Verbreiterungskonstante (wie auch die Frequenzverschiebung) unterscheiden sich bei verschiedenen Drücken wesentlich. Der nichtlineare Charakter der

Verbreiterung und der Verschiebung in Abhängigkeit vom Druck machen sich in jenem Druckgebiet bemerkbar, in dem die DOPPLER-Frequenz-Verschiebung bei elastischer Kleinwinkelstreuung der Moleküle vergleichbar wird mit

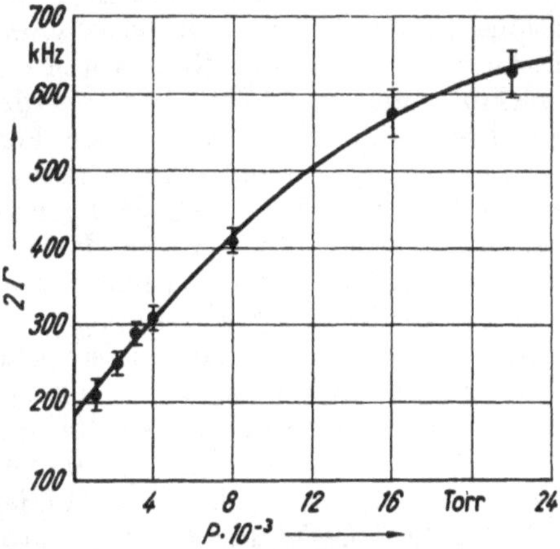

Abb. 37. Die Abhängigkeit der Breite des LAMB-dip im Methan bei der Wellenlänge 3,39 μm vom Druck [135]

der homogenen (Stoß-)Breite der schmalen Resonanz. Eine Modifikation der Methode der Absorptionssättigung, die auf der Beobachtung der schmalen Resonanzen bei der relativ zum Zentrum der DOPPLER-Linie verschobenen Frequenz beruht, erlaubt, mit einfachen Mitteln die Abhängigkeit des Querschnittes der Stoßverbreiterung von der Geschwindigkeit der stoßenden Teilchen zu ermitteln [136]. Es versteht sich von selbst, daß man gleichartige Experimente auch in äußeren elektrischen und magnetischen Feldern durchführen kann und damit Informationen über den STARK- und den ZEEMAN-Effekt in molekularen Übergängen erhalten kann [137—139], unter anderem auch sehr genaue Messungen von Dipolmomenten in angeregten Zuständen von Molekülen durchführen kann [138].

Als völlig neu kann man die Möglichkeit betrachten, Messungen der Hyperfeinstruktur von Schwingungs-Rotations-Übergängen durchzuführen, die durch magnetische oder Quadrupolwechselwirkungen bedingt sind. Quadrupolwechselwirkungen rufen Aufspaltungen der Schwingungs-Rotations-Linien in der Größenordnung von 10^6 bis 10^7 Hz hervor, die von der Konstanten der Quadrupolwechselwirkung und vom Winkelmoment des Moleküls abhängen. Die ersten Experimente zur Vermessung der Quadrupol-Hyperfeinstruktur in infraroten Molekülübergängen wurden am Molekül $^{12}CH_3{}^{35}Cl$ gemäß [140] durchgeführt. In Experimenten, die im Institut für Spektroskopie der Akademie der Wissenschaften der UdSSR an Molekülen des Typs $^{189}OsO_4$ durchgeführt worden sind, konnte ebenfalls die Quadrupolstruktur nachgewiesen werden [116]. Das Beispiel des experimentell mit der Strahlung einiger Linien des P-Zweiges eines CO_2-Lasers im Gebiet von 10,6 μm erhaltenen Spektrums der nichtlinearen Absorption von Linien der Bande ν_3 der Moleküle $^{189}OsO_4$ und $^{192}OsO_4$ wurde schon weiter oben in Abbildung 29 gezeigt.

Die magnetische Wechselwirkung zwischen dem Winkelmoment des Moleküls und dem Kernspin ruft eine Aufspaltung von wesentlich kleineren Werten hervor, die im Bereich von nur 10^3 bis 10^5 Hz liegt. Um diese Aufspaltung beobachten zu können, bedarf es wesentlich höherer Auflösungsvermögen von $R = 10^9 - 10^{11}$. Die ersten erfolgreichen Experimente zur Beobachtung der magnetischen Hyperfeinstruktur im Schwingungs-Rotations-Spektrum wurden in [129] an dem Molekül $^{12}CH_4$ durchgeführt. Hierbei wurde die absolute Spitze des Auflösungsvermögens von 10^{10} erreicht.

Die Anregung des Kerns in einem Molekül sollte eine Änderung der Schwingungsfrequenzen des Moleküls hervorrufen, da die Anregungsenergie des Kerns ΔE_{nuc} einer Vergrößerung der Kernmasse um den Betrag $\Delta m = \Delta E_{\text{nuc}}/c^2$ gleichkommt (Isomeren-Verschiebung) [141]. Ein mögliches Versuchsobjekt für Experimente zur Beobachtung der Isomerieverschiebung im Schwingungsspektrum ist das Molekül OsO_4 mit dem isomeren (langlebigen) angeregten Kern Os. Die Verschiebung der Schwingungsfrequenz ν_3 im Molekül OsO_4, hervorgerufen durch Erhöhung der inneren Energie der Kerne Os sollte

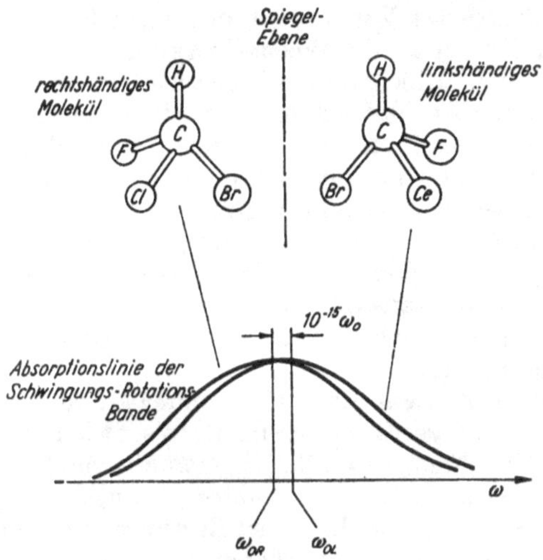

Abb. 38. **Mögliche Frequenzaufspaltung des Schwingungs-Rotations-Überganges zweier steroisomerer Formen des einfachsten Moleküls CHFClBr auf Grund der Störung der Parität bei schwacher Wechselwirkung der Grundbausteine im Molekül**

im Bereich von 0,3 bis 2,0 MHz bei Kernenergien von 30 bis 170 keV für verschiedene Kernisomere des Osmiums liegen. Dieser Effekt eröffnet die prinzipielle Möglichkeit der Vermessung der Energie von metastabilen Kernen durch Methoden der IR-Molekülspektroskopie mit hoher Genauigkeit unabhängig vom Typ des radioaktiven Zerfalls.

Es gibt noch einen weiteren überaus feinen Effekt in den Molekülspektren, der jenseits der Grenzen der heutigen Möglichkeiten des Experimentes liegt, in der Zukunft jedoch mit den Methoden der nichtlinearen Laserspektroskopie beobachtet werden könnte. Der Effekt beruht auf der Differenz der Energieniveaus zweier Moleküle, die auf Grund der Störung der Parität bei schwachen Wechselwirkungen von Elektronen und Nukleonen im Molekül spiegelsymmetrisch zueinander liegen. Physikalisch erklärt sich das durch das Vorhandensein kleiner Zusätze eines ungeraden Potentials der Wechselwirkung zwischen den Elektronen und Nukleonen des Moleküls. Dieser ungerade Anteil an der Wechselwirkung hebt die Entartung der Energieniveaus der links- und rechtshändigen Moleküle auf, so daß sich zum Beispiel ihre Schwingungsenergien um einen sehr geringen Betrag von $\Delta E_s = 10^{-15} E_s$ unterscheiden. In Abbildung 38 ist ein Beispiel zweier einfacher spiegelsymmetrischer Moleküle (Methan mit verschiedenen Halogenen anstelle des Wasserstoffs) angegeben, in denen eine solche Frequenzaufspaltung beobachtet werden müßte.[1])

Metrologische Anwendungen. Die schmalen nichtlinearen Resonanzen gestatten erstens, wesentlich genauer die zentralen Frequenzen der DOPPLER-verbreiterten optischen Spektrallinien zu messen und damit wesentlich die Genauigkeit bei der Bestimmung von fundamentalen Konstanten zu erhöhen, die an solche Messungen gebunden sind. Zweitens sind die schmalen und frequenzstabilen Molekülresonanzen höchst effektiv zu verwenden, um an ihnen eine Stabilisierung der Frequenzen der Ausgangsstrahlung von Lasern zu erhalten. Auch das führt wiederum zur wesentlichen Erhöhung der Genauigkeit bei der Bestimmung von Konstanten, die eine hochstabile optische Strahlungsquelle erfordern. Beide Anwendungen dieser schmalen Resonanzen werden

---

[1]) Die Beobachtung dieses Effektes könnte zur Aufklärung der biologischen Isomerie beitragen, die darin besteht, daß alle natürlichen Eiweiße aus L-Aminosäuren aufgebaut sind (linke Isomerie-Form). Wie bekannt, wurde die Erscheinung der biologischen Isomerie von PASTEUR vor mehr als hundert Jahren entdeckt, bis heute gibt es jedoch noch keine befriedigende Erklärung.

in einer Reihe von Laboratorien in verschiedenen Ländern ausgenutzt.

Eine genaue Vermessung der Struktur und der Lage der zentralen Frequenz von Spektrallinien ist zur Bestimmung der Rydberg-Konstanten erforderlich, die mit den Natur-Konstanten durch die Beziehung $R_\infty = me^4/8\varepsilon_0{}^2h^3c$ verbunden ist. Es ist eine große Zahl von Messungen der Größe R_∞ bekannt, in denen die Spektrallinien des Wasserstoffs, seiner Isotope und des Heliums herangezogen wurden. Wasserstoff ist für solche Messungen besonders geeignet, da hierbei ein genauer Vergleich zwischen den Meßergebnissen und den Resultaten der Quantentheorie möglich ist. Die Genauigkeit, die bei der Vermessung der Rydberg-Konstanten ohne die schmalen Resonanzen der nichtlinearen Spektroskopie erreicht worden ist, beträgt etwa $\pm 0{,}01\ \text{cm}^{-1}$, was einer relativen Genauigkeit von $\pm 10^{-7}$ entspricht. Im sichtbaren Spektralbereich ist für derartige Messungen die rote Balmer-Linie H_α besonders geeignet. Jedoch beträgt ihre Doppler-Verbreiterung fast 6000 MHz und überdeckt somit die wichtigsten Details der Linienfeinstruktur. Obwohl viele Details der Feinstruktur der H_α-Linie mit den Methoden der Hochfrequenzspektroskopie und der Level-Crossing-Spektroskopie schon aufgeklärt worden sind, bleibt doch die fehlende Genauigkeit ihrer Vermessung als Grenze für eine genaue Bestimmung der Größe R_∞ erhalten. In der Stanford-Universität laufen Experimente zur quantitativen Bestimmung von R_∞, in denen eine genaue Bestimmung des Linien-Zentrums einer Komponente der H_α-Linie mit Hilfe der Sättigungsabsorption unter Verwendung der Ausstrahlung eines gepulsten Farbstofflasers mit schmaler und abstimmbarer Linie erreicht werden soll [142]. Die experimentelle Technik ist etwa dieselbe wie die in dem oben beschriebenen Experiment zur Bestimmung der Lamb-Verschiebung einer Linie (vergleiche Abbildung 36) [134]. Vorläufige Messungen zeigen, daß eine Genauigkeit in der Bestimmung von R_∞ von $2 \cdot 10^{-8}$ erreicht werden kann.

Frequenzstabile Laser, die mit Hilfe der schmalen Molekülresonanzen stabilisiert sind (wie es schon in der Arbeit [110] vorgeschlagen wurde), wurden zu einer hervorragenden Lichtquelle kohärenter Strahlung. Die letzten Ergebnisse auf diesem Gebiet sind in einem Übersichtsartikel [143] zusammengestellt. Mit solchen Lasern konnte man neue Messungen der Lichtgeschwindigkeit durchführen, indem man gleichzeitig an einer Linie die Wellenlänge und die Frequenz der Laserstrahlung ermittelt. Zur Durchführung eines solchen fundamentalen Experimentes mußte man den absoluten Wert der *Frequenz* des Lichtfeldes messen. Die Arbeiten auf diesem Gebiet wurden im Massachusetts Institute of Technology begonnen, in dessen Laboratorien eine Technik der aufeinanderfolgenden Mischung von Hochfrequenzwellen mit Laserstrahlung mit Hilfe von Punktkontaktdioden ausgearbeitet worden ist [144]. Es wurde die Trägheitslosigkeit dieser Elemente bis hinab zu $\lambda \approx 5$ µm gezeigt. Nachdem man die Arbeitsbedingungen für diese Punktkontaktdioden als Antennen für die Infrarotstrahlung optimiert hatte, konnte man nacheinander die Frequenzen der kontinuierlich arbeitenden Laser auf der Basis von H_2O-Molekülen (78 µm und 28 µm), von CO_2-Molekülen (10,6 µm) und eines He—Ne-Lasers bei der Wellenlänge von 3,39 µm, der mit einer Methanzelle auf eine schmale Resonanz stabilisiert worden ist [145], messen. Unabhängig davon wurde die Wellenlänge des He—Ne/CH_4-Lasers auf interferometrische Weise durch Vergleich mit der Wellenlänge der Spektrallinie ^{86}Kr des Längenstandards gemessen. Dadurch konnte man einen neuen Wert der Lichtgeschwindigkeit [146] von $c = 299\,792\,456{,}2$ (1,1) m/s erhalten, dessen Genauigkeit um zwei Größenordnungen besser ist als die früher gemessenen Werte.

Laser, die mit Hilfe der Moleküle CH_4 und J_2 auf schmale nichtlineare Resonanzen stabilisiert sind, gewährleisten eine höhere relative Genauigkeit in der Wellenlänge der Strahlung, als sie durch das gemäß ^{86}Kr festgelegte Längenstandard gewährleistet ist. Nachdem man diese Tatsache und die großen Schwierigkeiten bei der Verwendung der inkohärenten Strahlung des Krypton-Etalons zur interferometrischen Präzisionslängenmessung im Verhältnis mit der kohärenten Strahlung eines Lasers, der an Hand schmaler Resonanzen stabilisiert ist, berücksichtigte, hat das Internationale Konsultativ-Komitee zur Bestimmung des Meters im Jahre 1973 empfohlen, zur Längenmessung einen He—Ne-Laser mit J_2-Zelle und CH_4-Zelle zu verwenden. Die empfohlenen Wellenlängenwerte und die Größe der Lichtgeschwindigkeit sind gegeben zu [147]

$$\lambda_{CH_4}[P(7), \nu_3] = 3\,392\,231{,}40 \cdot 10^{-12}\ \mathrm{m},$$

$$\lambda_{J_2-127}[R(127), 11\text{-}5, (i\text{-Komponente})] = 632\,991{,}339 \cdot 10^{-12}\ \mathrm{m},$$

$$c = 299\,792\,458\ \mathrm{m/s}.$$

Das kann man natürlich nur als ersten ernsthaften Schritt der Lasermetrologie betrachten. Zweifellos wird es in den nächsten Jahren gelingen, die Genauigkeit in der Stabilisierung und der Messung der Laserwellenlänge zu erhöhen, und Werte von 10^{-11} bis 10^{-12} werden erreicht werden, die der Meßgenauigkeit und der Langzeitstabilität nahekommen, wie sie mit Quantenfrequenzstandards (Atomuhren) erreicht werden. In vielen Laboratorien steht die Suche nach für diese Zwecke geeigneteren Übergängen in Atom- und Molekülspektren auf der Tagesordnung. Es soll hier der interessante Vorschlag erwähnt werden, die Zweiphotonenresonanz im Übergang $1s—2s$ im Wasserstoffatom [128] zu verwenden. Nachdem dann die Genauigkeit der Messung von Länge und Zeit mit Hilfe der Quantenstandards von gleicher Größenordnung sein werden, kann man das Problem einer radikalen Veränderung der bestehenden metrologischen Konzeptionen für die Messung von Länge und Zeit in Angriff nehmen. Die erste Möglichkeit besteht in der Schaffung eines einheitlichen Quantenetalons der Länge und der Zeit (durch Verwendung eines hochstabilen Quantengenerators im Mikrowellenbereich, im infraroten oder im optischen Spektralbereich als Vergleich und eines Systems der Meßfrequenzwandlung aus einem Bereich in alle anderen) und der Bestimmung des Wertes der Lichtgeschwindigkeit, die Länge und Zeit mit einer Genauigkeit von 10^{-11} bis 10^{-12} verknüpfen. Die zweite Möglichkeit besteht in der unabhängigen Messung der Länge und der Zeit mit Hilfe zweier hochstabiler Quantengeneratoren (zur Zeitmessung sind die vorhandenen Cäsium-Atomuhren geeignet, zur Längenmessung ist ein hochstabiler Laser im sichtbaren Spektralbereich erforderlich) und mit deren Hilfe die Bestimmung der fundamentalen Weltkonstanten mit höherer Genauigkeit.

Angewandte Spektroskopie. Ein nichtlineares Laserspektrometer, mit dem man Spektroskopie von Atomen und Molekülen ohne Doppler-Verbreiterung mit einem Auflösungsvermögen von $R \gg \omega_0/\Delta\omega_D$ durchführen kann, mit $\Delta\omega_D$ als Doppler-Breite der Spektrallinie im Gas, hat für die angewandte Spektroskopie mindestens zwei Vorteile. Erstens ist der Informationsgehalt des Spektralintervalls $\Delta\omega$ eines solchen Spektrometers gegeben durch

$$\varrho = \varrho_0 R \frac{\Delta\omega}{\omega_0} \text{ [bit]} \tag{4.23}$$

mit ϱ_0 als Zahl der Informationseinheiten, die im aufgelösten Spektralintervall ω_0/R auf Grund der Intensitätsmessung des Spektrums bei der vorgegebenen Frequenz erhalten werden.[1]) So haben wir zum Beispiel bei Standardauflösungen in der nichtlinearen Spektroskopie

[1]) Wir lassen hier das Problem der Bestimmung der Größe ϱ_0, welches natürlich von gesondertem Interesse ist, beiseite. Der interessierte Leser wird auf die vorhandene Spezialliteratur verwiesen, unter anderem auf einen Artikel von M. Schubert (Mathematische und physikalisch-technische Probleme der Kybernetik, Akademie-Verlag Berlin, 1963, S. 62) und auf ein Buch von E. L. O'Neill (Introduction to Statistical Optics, Addison-Wesley Publ. Co., Reading, 1963; in russisch als Übersetzung: Э. Л. О Нейль, Введение в статистическую оптику. Изд. „Мир", Москва.

von $R = 10^8$ im Bereich eines Spektralintervalls von $\Delta\omega = 1\ \text{cm}^{-1}$ bei einer Frequenz von $\omega_0 = 3 \cdot 10^3\ \text{cm}^{-1}$ eine Informationsdichte von $\varrho_0 \cdot 3 \cdot 10^4$ bit, das heißt bei $\varrho_0 = 10$ eine Information von $\varrho = 3 \cdot 10^5$ bit. Bei einem gewöhnlichen Infrarotspektrometer sehr hoher Güte mit einer Auflösung von $0{,}1\ \text{cm}^{-1}$ haben wir im selben Spektralintervall ganze 10^2 bit. Zweitens ist bei komplizierten Molekülen eine Überdeckung einer großen Zahl von Schwingungs-Rotations-Linien typisch, deren Abstand kleiner als die DOPPLER-Linienbreite ist, und eine Spektralanalyse kann man nur hinsichtlich der Schwingungsbanden durchführen. In diesem Falle ist die maximale Zahl von Informationseinheiten innerhalb einer Oktave des infraroten Spektralbereiches

$$\varrho_{\max} \approx \varrho_0 \frac{\omega_0}{\delta\omega_\nu} \tag{4.24}$$

mit $\delta\omega_\nu$ als Breite der Schwingungsbande. Das ist eine ziemlich ernsthafte Begrenzung der Möglichkeiten der infraroten Molekülspektroskopie. Bei der nichtlinearen Spektroskopie entfällt diese Begrenzung, und eine für die qualitative wie auch quantitative Spektralanalyse hinreichende Informationsmenge über komplizierte Molekülgemische kann man aus einem relativ schmalen Spektralintervall sogar innerhalb der sich überlagernden Absorptionsbanden der Moleküle im Gemisch erhalten. Die ersten erfolgreichen Experimente bezüglich der Anwendung eines nichtlinearen Spektrometers für diese Zwecke sind in der Arbeit [148] dargestellt. Die Infrarot-Banden der C—H-Schwingungen in Kohlenwasserstoffen liegen im Bereich 3,4 μm. Durch Verstimmung der Frequenz eines He—Ne-Lasers bei 3,39 μm mit einem Magnetfeld im Bereich von $0{,}2\ \text{cm}^{-1}$ kann man schmale Resonanzen mit einer Breite von 0,5 MHz auf Grund der Schwingungs-Rotations-Linien der Moleküle CH_4, C_2H_4, C_2H_6 und anderer beobachten. In Abbildung 39 ist das experimentell beobachtete Spektrum der Absorptionssättigung eines Gasgemisches, bestehend aus einer Reihe von Kohlenwasserstoffen, dargestellt. Die Empfindlichkeit des gesicherten Nachweises der Molekülgemische mit dieser Methode liegt im Bereich von 10^{-2}—10^{-3}. Die Herstellung einfacher Infrarotlaser mit abstimmbarer Fre-

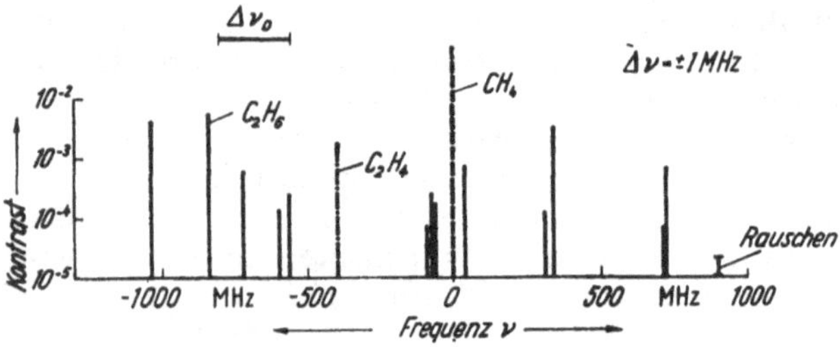

Abb. 39. Nichtlineares Spektrum ohne Doppler-Verbreiterung der Moleküle des Methans, Äthylens und Äthans in der Umgebung von ±1000 MHz der Verstärkungslinie des He—Ne-Lasers bei 3,39 μm, dessen Frequenz mit einem Magnetfeld durchgestimmt wird [148]

quenz schafft offensichtlich die Voraussetzung für die Bereitstellung von kommerziellen nichtlinearen Laserspektrometern für eine vollständigere und effektivere Spektralanalyse von Molekülen.

5. Laser-Raman-Spektroskopie

Wenn man Stoffe in gasförmiger, flüssiger oder fester Phase mit monochromatischem Licht bestrahlt, so erscheinen im Spektrum des gestreuten Lichtes neue Spektrallinien, die relativ zur Frequenz des anregenden Lichtes um Frequenzen verschoben sind, die den Eigenfrequenzen des streuenden Mediums entsprechen. Eine solche unelastische Lichtstreuung nennt man Raman-Streuung (oder auch Kombinationsstreuung). Die Methode der Raman-Streuung ist ein leistungsfähiges Instrumentarium bei der Untersuchung des Baues von Molekülen.

Sie hat sich auch vor der Entdeckung der Laser schon sehr erfolgreich entwickelt. Auf Grund der sehr schwachen spezifischen Ausstrahlung des anregenden und des gestreuten Lichtes wurde diese Methode vorrangig bei wissenschaftlichen Untersuchungen angewendet. Für die praktische Spektralanalyse wurden stärker die infraroten Absorptionsspektren herangezogen. Die Herstellung einer Reihe von Lasern, die relativ einfach in ihrer Handhabung sind und bei festen Frequenzen des sichtbaren Spektralbereiches arbeiten (so zum Beispiel der Helium-Neon-Laser bei 6328 Å, der Argonlaser bei 5145 Å und bei 4880 Å), veränderte die Situation grundlegend. Die Eigenschaften der Laserstrahlung — ihre geringe Divergenz, die Monochromasie, die hohe Bestrahlungsstärke sowie das Fehlen eines kontinuierlichen Untergrundes — qualifizieren den Laser praktisch zu einer idealen Lichtquelle für die RAMAN-Spektroskopie. Auf Grund anderer Auswahlregeln, als sie für die infraroten Absorptionsspektren gelten, kann man mit der RAMAN-Spektroskopie Molekülschwingungen untersuchen, die im infraroten Spektralbereich inaktiv sind. In verschiedenen Ländern werden handelsübliche Modelle von RAMAN-Spektrometern schon angeboten. Der RAMAN-Effekt hat ein weites Anwendungsfeld in der Forschung, vor allem in der Festkörperphysik (Streuung an Phononen, an Spinwellen und an Elektronen) und in der Chemie (Untersuchung von Molekülkomplexen sowie von instabilen Molekülen) gefunden. Die wichtigsten Ergebnisse der Laser-RAMAN-Spektroskopie sind in einer Reihe von Büchern veröffentlicht [149—151] sowie in zusammenfassenden Arbeiten dargelegt (Streuung in festen Körpern [152] und Streuung in Gasen [153]).

Die Theorie der RAMAN-Streuung beruht auf der klassischen Betrachtung von PLACZEK, die schon im Jahre 1934 veröffentlicht wurde [154]. Er schuf eine geschlossene Theorie der Polarisierbarkeit der Moleküle, die den RAMAN-Effekt bezüglich der Schwingungen und der Rotation der Moleküle in Flüssigkeiten und Gasen beschreibt. Die entsprechende Theorie der Raman-Streuung in festen Körpern wurde in den Arbeiten [155] entwickelt. Naturgemäß kann mit Hilfe der Diracschen Quantentheorie die halbklassische Behandlung der Theorie der Raman-Streuung in vollem Umfang ersetzt werden. Das wurde auch in vielen Arbeiten getan, unter anderem bei der Behandlung der Raman-Streuung an Quasiteilchen im festen Körper (Polaritonen und anderen).

Da die Raman-Spektroskopie mit herkömmlichen Lichtquellen in vielen zusammenfassenden Artikeln und Büchern beschrieben ist, wollen wir uns hier zweckmäßigerweise nur auf jene Aspekte der Laser-Raman-Spektroskopie beschränken, die wesentlich auf dem Charakter der Laserstrahlung beruhen und mit herkömmlichen Lichtquellen praktisch nicht zu verwirklichen sind. Besondere Aufmerksamkeit soll dabei den Möglichkeiten gewidmet werden, die sich durch die Verwendung von frequenzabstimmbaren Lasern ergeben.

5.1. Die spontane Raman-Streuung

Die Unterdrückung des Untergrund-Streulichtes. Die Intensität der Raman-Linie ist sehr gering. Typische Werte für den Streuquerschnitt liegen im Bereich von 10^{-28} cm^2 bis 10^{-30} cm^2, und folglich ist die relative Intensität der Raman-Linien bei der Streuung in einem Gebiet von etwa 0,1 cm^3, welches mit kondensierter Materie ausgefüllt ist, nicht größer als 10^{-6} bis 10^{-8}. Deshalb macht schon ein geringer Untergrund von gestreutem Licht in der Umgebung der Anregungslinie hinter dem Monochromator den Nachweis der Raman-Linie so gut wie unmöglich. Um diesen Untergrund zu unterdrücken, verwendet man in der Regel hochauflösende Doppel- und Dreifachmonochromatoren. Das wichtigste Kennzeichen für ihre Qualität ist das Niveau des Untergrundes, hervorgerufen durch das gestreute Licht, in einem vorgegebenen Abstand von der Anregungslinie. In Abbildung 40 ist die

Abhängigkeit der Intensität des gestreuten Lichtes im Doppelmonochromator Spex 1400, der zwei Beugungsgitter von BAUSCH und LOMB mit 1200 Strichen pro mm besitzt, bei einer Verstimmung der Frequenz relativ zur Frequenz eines YAG—Nd^{3+}-Lasers bei 1,06 μm dar-

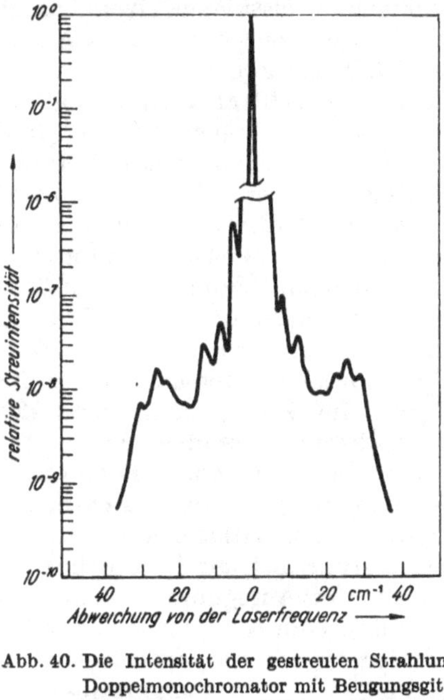

Abb. 40. Die Intensität der gestreuten Strahlung im Spex 1400 mit einem Doppelmonochromator mit Beugungsgitter von 1200 Striche/mm bei der Verstimmung relativ zur Anregungslinie bei 1,064 μm [152]

gestellt [152]. Es ist sogar bei einem Doppelmonochromator hoher Güte so gut wie unmöglich, schwache gestreute Linien mit geringen Frequenzabständen von 10 cm^{-1} bis 20 cm^{-1} nachzuweisen. Mit den Lasern kann man das Problem des gestreuten Lichtes auf folgende Weise grundlegend lösen.

An Stelle eines Monochromators mit hoher Auflösung verwendet man ein schmalbandiges Filter mit einer fest vorgegebenen Transmissionsfrequenz, und die Durchstimmung der Frequenz des RAMAN-Spektrums wird mit einem frequenzabstimmbaren Laser durchgeführt (Abb. 41b). Man kann einen Laser, dessen Frequenz abstimmbar ist, der ein schmales Emissionsspektrum besitzt und dessen Untergrund infolge der spontanen Strahlung sehr gering ist, wesentlich leichter herstellen als einen Monochromator mit denselben spektralen Eigenschaften. Die Verwirklichung eines solchen Aufbaues ist in [156] demonstriert, wobei ein Satz von schmalbandigen Interferenzfiltern und ein Farbstofflaser mit abstimmbarer Frequenz verwendet wurden. Außerdem kann man in solchen Aufbauten schmalbandige Weitwinkelfilter vom FABRY-PEROT-Typ verwenden und damit die Empfindlichkeit gegenüber den Anordnungen, wie sie in Abbildung 41a dargestellt sind und bei denen zur Erhöhung der Auflösung ein schmaler Spalt im Monochromator verwendet wird, wesentlich steigern. Im Prinzip kann man das schmalbandige Filter unmittelbar vor dem Empfänger anbringen. Setzt man auch die Probe sehr nahe an dieses Filter heran, so kann man die gesamte RAMAN-Streustrahlung in den Raumwinkel 1 sr aufnehmen.

Eine andere Methode beruht auf der Unterdrückung des Streuuntergrundes auf der Anregungsfrequenz, das heißt des elastisch gestreuten Lichtes in der Probe selbst und des gestreuten Untergrundes im Monochromator, mit Hilfe eines Resonanzabsorbers, der unmittelbar vor dem Empfänger aufgestellt wird und dessen Frequenz genau mit der Frequenz des Lasers zusammenfällt (Abb. 41c). Ein sehr gelungenes Beispiel einer solchen Anordnung besteht in der Verwendung eines Argonlasers bei 5145 Å in Kombination mit einer Absorptionszelle aus molekularem Jod. Joddämpfe haben eine Vielzahl von Schwingungs-Rotations-Linien in angeregten Elektronenzuständen, deren DOPPLER-Verbreiterung in der Größenordnung von 500 MHz liegt mit einem mittle-

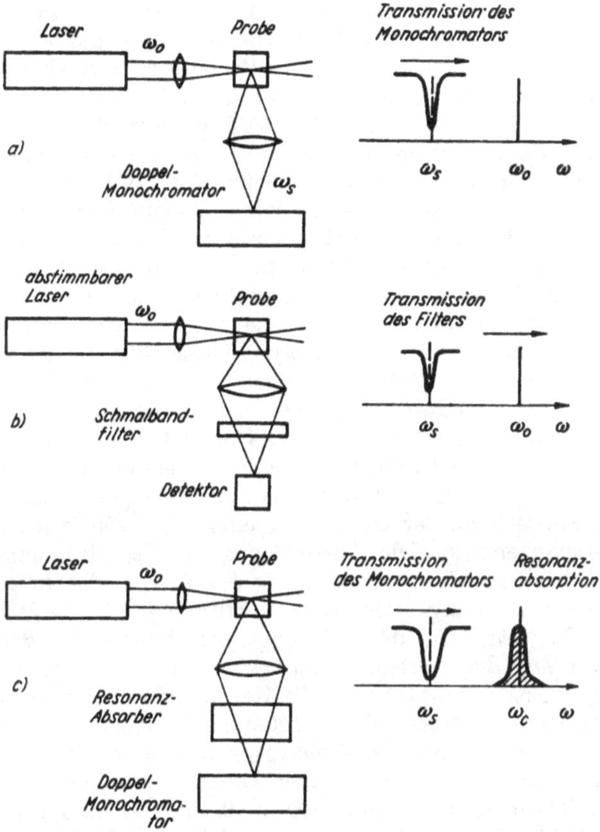

Abb. 41. Verschiedene Schemata von Laser-RAMAN-Spektrometern:

a) das gewöhnliche Schema mit einem Laser und einem Doppelmonochromator;

b) das Schema mit einem Schmalbandfilter und einer frequenzabstimmbaren Lichtquelle für die Anregung;

c) das Schema mit einem Resonanzabsorber bei der Laserfrequenz

ren Abstand zwischen den Linien von 1 cm^{-1}. Wenn eine solche Zelle von einigen Zentimetern Länge und einer Temperatur von 50 °C zwischen die Probe und das Spektrometer gebracht wird, dann wird die schmalbandige Laserstrahlung etwa um den Faktor 10^7 geschwächt [157], während die relativ breiten RAMAN-Linien nur sehr wenig geschwächt werden. Bei einem solchen Aufbau ist es notwendig, das schmale Emissionsspektrum des Lasers genau innerhalb einer Absorptionslinie des Joddampfes zu halten. Anstelle eines solchen mehr zufälligen Paares Laser—Absorber kann man einen Laser mit abstimmbarer Frequenz verwenden sowie einen atomaren Absorber mit einem einfachen Absorptionsspektrum (z. B. Natrium, welches Einfachlinien im sichtbaren Spektralbereich hat), wodurch irgendein Einfluß anderer Absorptionslinien auf das RAMAN-Spektrum verhindert werden kann. Die genaue Übereinstimmung der Frequenz der Laserstrahlung mit der Absorptionsfrequenz kann man praktisch mit Servosystemen jederzeit gewährleisten.

Resonanzeffekte. Die Abstimmung der Laserfrequenz gewährleistet auch die Ausnutzung des Vorteils der kurzwelligen Anregung der RAMAN-Streuung ($I_{Str} \sim \lambda^{-4}$) sowie die Erhöhung des Wirkungsquerschnittes bei der Annäherung der Anregungsfrequenz oder der Frequenz der gestreuten Strahlung an die Resonanzfrequenz eines Elektronenüberganges der streuenden Teilchen. Eine typische experimentelle Abhängigkeit des Streuquerschnittes von der Frequenz der Anregungsstrahlung ist in Abbildung 42 für Benzol dargestellt. In [158] sind ähnliche Abhängigkeiten für eine ganze Reihe von Molekülen untersucht worden. Durch geeignete Wahl der Anregungsfrequenz ist es durchaus möglich, eine Erhöhung der Empfindlichkeit eines Laser-RAMAN-Spektrometers um den Faktor 30 zu erreichen. Man kann in nächster Zeit mit industriell gefertigten Laserspektrometern rechnen, in denen frequenzabstimmbare Laser eingesetzt sind und in denen man bei Verwendung von atomaren und molekularen Absorbern mit fester Frequenz gleichzeitig eine vollständige Unterdrückung des Streulichtes erreichen wird.

Bei einer genauen Übereinstimmung der Anregungsfrequenz mit der Frequenz eines Elektronenüberganges haben wir es mit der sogenannten Resonanz-RAMAN-Streuung zu tun [159], die mit der Resonanzfluoreszenz

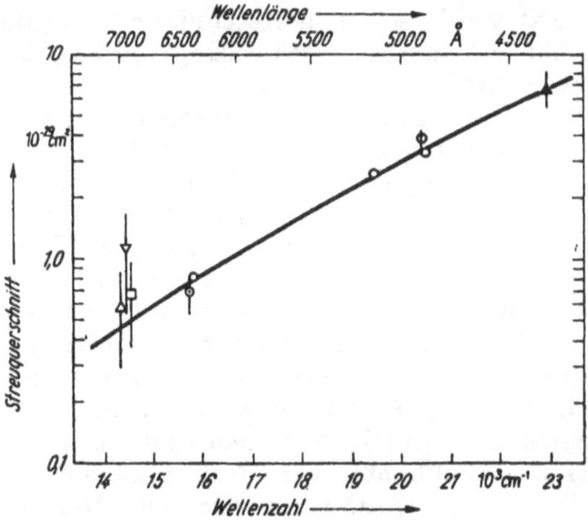

Abb. 42. Abhängigkeit des RAMAN-Streuquerschnittes der Schwingungen des C_6H_6 bei 992 cm^{-1} von der Wellenlänge der Anregungsstrahlung [158]

konkurriert. Diese beiden Effekte haben sehr viel Gemeinsames, es gibt jedoch auch eine ganze Reihe wesentlicher Unterschiede. Gerade in der letzten Zeit erschien eine Vielzahl von Arbeiten, die sich mit der Klärung der Kriterien beschäftigen, an Hand derer man eindeutige Aussagen darüber machen kann, welcher der beiden Prozesse in der vorliegenden Probe oder genauer bei der gegebenen Resonanzlinie der streuenden Teilchen abläuft. Eine Betrachtung dieser Arbeiten für den Fall, daß das Medium ein Gas ist, wurde in [153] durchgeführt. Vom allgemeinen Standpunkt gesehen, sind die Unterschiede offensichtlich. Die Resonanz-RAMAN-Streuung ist ein

Zweiquantenprozeß, bei dem der Zwischenzustand ein virtueller ist, der allerdings mit einem realen Quantenzustand des streuenden Teilchens zusammenfällt. Die Resonanzfluoreszenz ist ein Einquantenprozeß als Folge des Einquantenabsorptionsaktes. Beide Erscheinungen können gleichzeitig ablaufen und sogar interferieren. Ein ähnlicher Effekt wurde schon in Abschnitt 4.3. bei der Behandlung der nichtlinearen Spektroskopie gekoppelter Übergänge betrachtet.

Die Erhöhung des Wirkungsquerschnittes der Raman-Streuung beim Übergang zur Resonanz wurde in vielen Arbeiten zur Spektroskopie von Festkörpern beobachtet: in CdS auf Grund der Excitonen-Resonanz bei Verwendung eines Farbstofflasers im Impulsbetrieb mit Blitzlampenanregung [160], im InSb in der Nähe des E_1-Überganges mit einem kontinuierlich arbeitenden Farbstofflaser [161], im Cu_2O auf Grund eines verbotenen Excitonenüberganges, ebenfalls mit einem kontinuierlich wirkenden Farbstofflaser [162]. Im letztgenannten Falle konnte bei der Untersuchung des Unterschiedes zwischen dem Resonanz-Raman-Effekt und der Resonanzfluoreszenz gezeigt werden, daß im Cu_2O keine Excitonen-Moleküle vorhanden sind.

Eine Reihe bedeutender Experimente zur Raman-Streuung mit infraroter Laserstrahlung an Elektronen und Löchern in Halbleitern sind in der Übersichtsarbeit [152] beschrieben. Besonders wichtig dabei ist die Raman-Streuung mit Spinumkehr in magnetisierten Halbleitern, die die Grundlage für die frequenzabstimmbaren Spin-Flip-Laser ist. Auch hier ist die Annäherung an die Resonanz begleitet von einer Erhöhung des Querschnittes der Streuung mit Spin-Umkehr. In Abbildung 43 ist die Resonanzerhöhung des Querschnittes der spontanen Raman-Streuung für den Spin-Flip-Prozeß im InSb bei der Frequenzabstimmung eines CO-Lasers von 5,1 μm bis 6,5 μm dargestellt, das heißt in Abhängigkeit von der Annäherung der Energie eines Laserlichtquantes an die Breite der verbotenen Zone im InSb [163]. Dieser Effekt vergrößert die Verstärkung der induzierten RAMAN-Streuung mit Spin-Umkehr und war die Grundlage für die Herstellung eines kontinuierlich wirkenden Spin-Flip-Lasers mit einem CO-Laser als Pumpe [52].

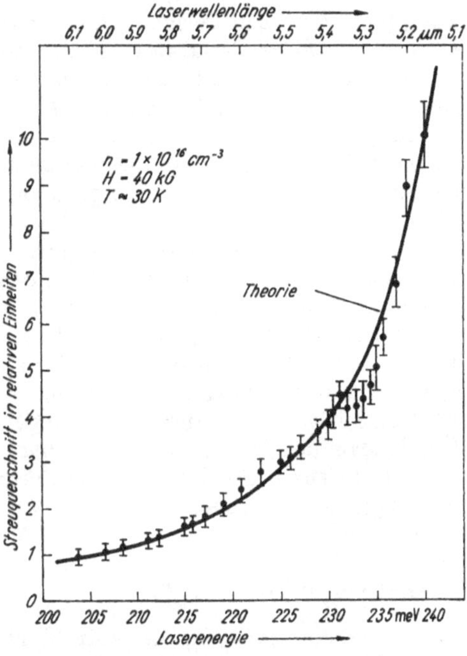

Abb. 43. Resonanzverstärkung des Streuquerschnittes der RAMAN-Streuung im Spin-Flip-Prozeß in InSb bei einer Elektronenkonzentration von $n_e = 10^{16}\ cm^{-3}$ bei 30 K im Magnetfeld von $H = 40$ kG [163]

Das Auflösungsvermögen. Durch die Anwendung von Lasern kann man die Grenze des Auflösungsvermögens erreichen, die durch die Breite der RAMAN-Linie gegeben ist. In der Spektroskopie kondensierter Materie reichen bei normalen Temperaturen für diese Zwecke Monochromatoren mit Beugungsgittern völlig aus. Bei niedrigen Temperaturen jedoch sowie bei der Spektroskopie von Gasen benutzt man FABRY-PEROT-Interferometer, deren Anwendung besonders günstig bei der Unterdrückung des Streulichtes durch ein resonantes Absorptionsfilter ist. Praktisch sind diese Methoden dazu geeignet, nicht nur die Breite, sondern auch die Form der RAMAN-Linien zu untersuchen. Die Fortschritte auf dem Gebiet der frequenzabstimmbaren Laser mit schmaler Emissionslinie (siehe Kapitel 2) machen die Aufbauten von Laserspektrometern, wie sie in Abbildung 41b dargestellt sind, besonders geeignet zur Erhöhung des Auflösungsvermögens.

Im Falle von gasförmigen Medien ist die Laserstrahlungsanregung der RAMAN-Streuung prinzipiell in der Lage, in bedeutendem Maße die Begrenzung des Auflösungsvermögens der RAMAN-Streuung, die durch die DOPPLER-Verbreiterung bedingt ist, zu beseitigen [164]. Das wird möglich, wenn man neben der Monochromasie der Laser auch noch ihre Eigenschaft der sehr geringen Divergenz ausnutzt. Tatsächlich hängt die Verschiebung der RAMAN-Linie ω_s relativ zur Linie der Laserstrahlung ω_L von der Geschwindigkeit des streuenden Teilchens $\boldsymbol{v}$ in folgender Weise ab:

$$\omega_L - \omega_s = \omega_M + (\boldsymbol{k}_L - \boldsymbol{k}_s)\, \boldsymbol{v}, \tag{5.1}$$

worin $\boldsymbol{k}_L$ und $\boldsymbol{k}_s$ die Wellenvektoren der Laserstrahlung und der gestreuten Strahlung darstellen, ω_M die Frequenz der Molekülschwingung. Deshalb ist die Linienbreite der RAMAN-Streuung in Vorwärtsrichtung gegeben durch die homogene Breite (Stoßverbreiterung) der gestreuten Linie $2\,\Gamma$ plus einem geringen nichtkompensierten Teil der DOPPLER-Linie:

$$\Delta\omega_{sc}^{+} = 2\Gamma + \frac{\omega_M}{\omega_L}\, \Delta\omega_D. \tag{5.2}$$

Die Breite der gestreuten Linie in Rückwärtsrichtung enthält die doppelte DOPPLER-Verbreitung:

$$\Delta\omega_{sc}^{-} = 2\Gamma + \left(1 + \frac{\omega_s}{\omega_L}\right)\Delta\omega_D \qquad (5.3)$$

Dieser Effekt der Verringerung der DOPPLER-Verbreiterung ist von derselben Natur wie auch die Beseitigung der DOPPLER-Verbreiterung im Falle der Zweiquantenübergänge, die weiter oben in Abschnitt 4.4. betrachtet

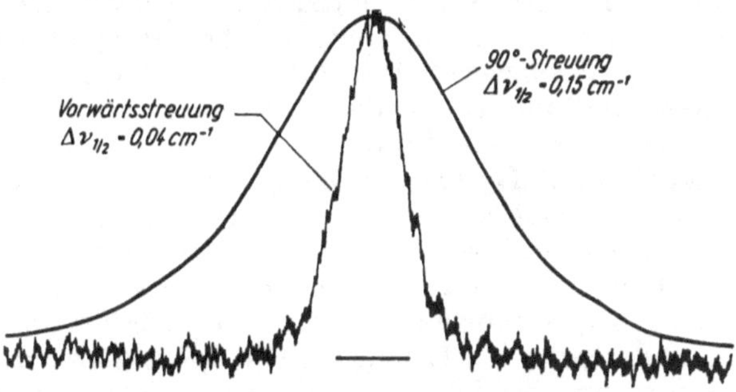

Abb. 44. Profil der Rotationslinie $S(1)$ der RAMAN-Streuung in H_2 bei 2 atm in Geradeausrichtung und bei Streuung unter 90° [164]

worden sind. Wenn ein Zweiquantenübergang, wie er in Abbildung 34 dargestellt ist, bei ungleichen Photonenfrequenzen ω_1 und ω_2 erfolgt, so ist die restliche DOPPLER-Verschiebung gegeben durch $(\boldsymbol{k}_1 + \boldsymbol{k}_2)\,\boldsymbol{v}$. Um die DOPPLER-Verschiebung zu einem Minimum zu machen, ist es erforderlich, daß sich die Photonen in entgegengesetzter Richtung ausbreiten. Im Falle der RAMAN-Streuung liegt das virtuelle Zwischenniveau außerhalb der Niveaus des Anfangs- und des Endzustandes oder mit anderen Worten, die Übergangsenergie ist gleich der Differenz und nicht der Summe der Photonenenergien. Deshalb ist die restliche DOPPLER-Verschiebung gegeben durch $(\boldsymbol{k}_1 - \boldsymbol{k}_2)\,\boldsymbol{v}$.

In Abbildung 44 ist das Profil der Rotationslinie des

H_2 bei Streuung in Vorwärtsrichtung sowie unter dem Winkel von 90° zur Anregungsstrahlung angegeben [164]. Bei 0°-Streuung beträgt die Halbwertsbreite etwa 0,15 cm^{-1}, was der DOPPLER-Verbreiterung bei 20 °C entspricht. Bei Beobachtung in Vorwärtsrichtung verringert sich dieser Wert bis zu 0,04 cm^{-1}. Sie setzt sich offenbar zusammen aus dem Anteil der Stoßverbreiterung (0,006 cm^{-1} bei einem Druck von 2 atm), der restlichen DOPPLER-Verbreiterung (für die Linie $S(1)$, die von der Laserlinie 6328 Å 608 cm^{-1} entfernt ist, beträgt diese Breite 0,015 cm^{-1}) und der Breite der Apparatefunktion selbst (das Auflösungsvermögen des FABRY-PEROT-Interferometers und die Breite der Laserlinie). In diesem Experiment wurde im Unterschied zu allen anderen Experimenten mit H_2 eine Erhöhung der Auflösung um eine Größenordnung erreicht, so daß sie sich nun lediglich um den Faktor 2 vom Grenzwert unterscheidet.

Betrachten wir etwas genauer den Anteil des restlichen DOPPLER-Effektes infolge der Ungleichheit der Frequenzen ω_L und ω_s, der die Einengung der Spektrallinie der RAMAN-Streuung begrenzt. In [164] wird dieser Effekt nicht mit berücksichtigt, was zu unrichtigen Schlußfolgerungen des Autors der Übersichtsarbeit [153] über die Möglichkeiten der Verringerung der Linienbreiten bis herab zu 0,001 cm^{-1} bei entsprechender Verringerung des Druckes führt. In Wirklichkeit ist im Experiment mit Wasserstoff die Stoßverbreiterung bei 2 atm um 2,5 mal kleiner als die restliche DOPPLER-Verbreiterung, und eine weitere Verringerung des Druckes wäre zweckmäßig. Ungeachtet dessen ist eine weitere Einengung in Experimenten zur Streuung an Rotationen schwererer Moleküle möglich. Hier ist allerdings eine Verringerung des Gasdruckes erforderlich.

Die Erhöhung der Auflösung bei Beobachtung der Streuung in Vorwärtsrichtung erfordert den Nachweis der gestreuten Strahlung in einem engen Raumwinkel. Unserer Meinung nach kann man diese Methode wesentlich verbessern, wenn man zur Messung der Linienform der Verstärkung bei der Frequenz der RAMAN-Streuung mit Hilfe eines zusätzlichen Teststrahles eines frequenzabstimmbaren Lasers übergeht, der mit dem anregenden Strahl kolinear läuft. Die Schwierigkeiten des Nachweises schwacher Verstärkungslinien bei Werten von nur 10^{-5} bis 10^{-7} cm^{-1} sollten durch Verwendung der optoakustischen Methode des Nachweises der bei der RAMAN-Streuung absorbierten Energie völlig beseitigt werden können. In einem solchen Experiment ist das optoakustische Signal in einem molekularen Gas bei der Abstimmung der Differenzfrequenz zweier Laser auf die Frequenz der Molekülschwingung zu messen.

5.2. *Inverse Raman-Streuung*

Wenn eine molekulare Substanz gleichzeitig durch eine intensive monochromatische Strahlung bei der Frequenz ω_0 und eine Strahlung mit einem kontinuierlichen Spektrum bei höheren Frequenzen bestrahlt wird, so ist ein Prozeß der induzierten RAMAN-Streuung möglich, bei dem das starke Feld der Frequenz ω_0 die Beteiligung von Photonen mit der Frequenz $\omega_0 + \omega_M$ aus dem kontinuierlichen Spektrum an der Streuung erwirkt, wobei ω_M die Frequenz der Molekülschwingung ist. Im Unterschied zur gewöhnlichen RAMAN-Streuung wirkt in diesem Prozeß das starke Feld auf der STOKES-Frequenz relativ zum schwachen Feld auf der Frequenz $\omega_0 + \omega_M$. Dieser Prozeß führt zur Absorption der Frequenzen $\omega_0 + \omega_M$ aus dem Kontinuum und wird gewöhnlich inverser RAMAN-Effekt genannt. Erstmalig wurde ein solcher Effekt experimentell in der Arbeit [165] beobachtet.

Die Nützlichkeit des inversen RAMAN-Effektes besteht nun darin, daß man mit seiner Hilfe in sehr kurzer Zeit im Prinzip alle Linien der spontanen Streuung der Moleküle erhalten kann. Der experimentelle Aufbau, in welchem diese Besonderheit praktisch realisiert worden ist [166], ist in Abbildung 45 dargestellt. Die Schwierigkeit besteht darin, gleichzeitig einen intensiven Laserimpuls und einen Strahlungsimpuls mit einem kontinuierlichen Spektrum im kurzwelligen Bereich zu erhalten. Zu diesem Zwecke wird die Strahlung eines gütemodulierten Rubinlasers in einem KDP-Kristall frequenzverdoppelt, und die Strahlung bei der zweiten Harmoni-

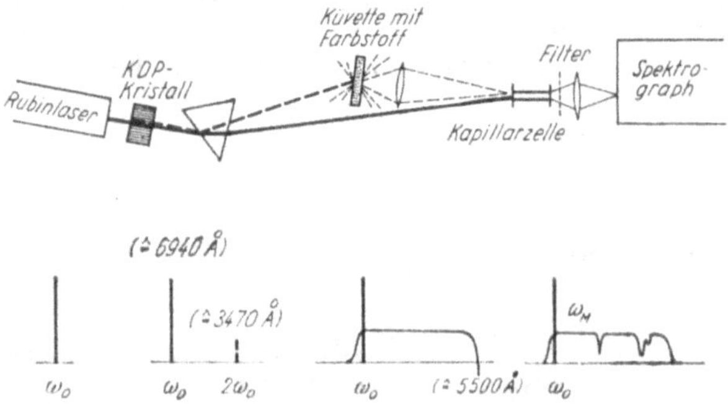

Abb. 45. Schema des Experimentes zur Beobachtung des inversen RAMAN-Effektes und die entsprechenden Spektren [166]

schen ($2\omega_0$) regt die Fluoreszenz des Farbstoffes an. Sowohl die Laserstrahlung wie auch die Fluoreszenzstrahlung werden in eine Glaskapillare, in der sich eine streuende Flüssigkeit befindet, geleitet. Dadurch wird die zeitliche wie auch die räumliche Überlagerung der beiden Strahlungen gewährleistet. Das Spektrum wird während der Dauer eines Impulses von etwa 40 ns aufgenommen. Mit dieser Methode wurden zum Beispiel die Spektren von Benzol und Toluol im Bereich der CH-Bindungen und der C—C-Bindungen aufgenommen. Das Auflösungsvermögen dieser Methode kann durch Anwendung kürzerer Impulse noch verbessert werden. Zu diesem Zweck verwendet man Picosekundenimpulse sowie einen Strahlungsimpuls von ultrakurzer Dauer mit einem sehr breitbandigen Spektrum, wie man ihn bei der

Fokussierung eines Picosekundenimpulses hoher Leistung in ein transparentes Dielektrikum erhält [167].

Eine Unzulänglichkeit der Methode der inversen RAMAN-Streuung ist die relativ geringe Empfindlichkeit beim Nachweis von Molekülen in Gemischen. Um die Empfindlichkeit zu steigern, muß man zur Anwendung empfindlicherer Nachweismethoden bei der Beobachtung schwacher Absorptionslinien in einem kontinuierlichen Spektrum übergehen. Sehr effektiv in diesem Zusammenhang ist die Methode der Intra-Cavity-Absorption, wie sie in Abschnitt 3.3. behandelt wurde. Das erste Experiment zur Erhöhung der Empfindlichkeit des inversen RAMAN-Effektes auf diese Art und Weise wurde in der Arbeit [168] durchgeführt. Der Aufbau dieses Experimentes unterschied sich von dem in Abbildung 45 dargestellten dadurch, daß sich das streuende Medium innerhalb des Resonators eines Farbstofflasers befand, wobei als Kontinuumstrahlung die breitbandige Strahlung dieses Farbstofflasers diente. Gleichzeitig wurde das streuende Medium mit einem monochromatischen Impuls hoher Leistung bei der Frequenz ω_0 bestrahlt, welches die inverse RAMAN-Streuung bei den Frequenzen $\omega_0 + \omega_M$ induzierte, die innerhalb der Linienbreite der Farbstofflaserstrahlung liegen. Zur Gewährleistung der zeitlichen Synchronisation wurde dieser Laser auch zum Pumpen des Farbstofflasers verwendet. Mit dieser Methode ist es gelungen, eine Empfindlichkeit zu erreichen, bei der fast das gesamte Streuspektrum bei einer Molekülkonzentration von 10^{-3} mol/l in der Probe innerhalb von 30 ns aufgenommen werden konnte. Das entspricht einer Erhöhung der Nachweisempfindlichkeit gegenüber der Methode, bei welcher sich die streuende Probe außerhalb des Resonators befindet, von etwa 10^2. Verständlicherweise kann man, wie in Abschnitt 3.3. gezeigt wurde, die Empfindlichkeit noch wesentlich steigern, wenn man die Dauer der Einwirkung erhöht, das geht allerdings auf Kosten einer entsprechenden Verringerung der zeitlichen Auflösung.

5.3. Die aktive Raman-Streuung

Durch die Anwendung von Lasern konnten die Methode der spontanen RAMAN-Streuung (Abschn. 5.1.) radikal verbessert und die Methode der inversen RAMAN-Streuung (Abschn. 5.2.) verwirklicht werden. Seit 1962 verstärken sich die Anstrengungen auf dem Gebiet der induzierten RAMAN-Streuung (SRS) unter Verwendung von Lasern mit hohen Leistungen. Die Anwendung der Methode der SRS in der Spektroskopie wird jedoch durch solche nichtlinearen Effekte wie die starke Konkurrenz der SRS-Linien, den Einfluß anderer nichtlinearer Prozesse (Selbstfokussierung und Selbstmodulation) und Vorhandensein einer Schwelle für die Bestrahlungsstärke der Anregung in starkem Maße begrenzt. Das ist dadurch bedingt, daß der Prozeß der SRS im wesentlichen einer Entwicklung von Instabilitäten innerhalb des Mediums gleichkommt, in denen die Photonen bei den RAMAN-Linien auf unkontrollierbare Weise entstehen. In den letzten Jahren entwickelt sich recht intensiv eine neue Methode der RAMAN-Spektroskopie — die Methode der aktiven Spektroskopie —, die man etwa in der Mitte zwischen der spontanen RAMAN-Streuung und der SRS einordnen könnte. Diese Methode vereinigt in sich die vielfältigen Vorzüge des spontanen RAMAN-Effektes mit der wichtigsten Eigenschaft der SRS, der hohen Leuchtdichte der Linien bei der Streustrahlung. Man kann sagen, daß die Methode der aktiven Spektroskopie auf der Basis des RAMAN-Effektes die kontrollierte Erzeugung von Photonen bei den RAMAN-Frequenzen verwendet.

Die Methode der aktiven RAMAN-Spektroskopie basiert auf der Erregung von RAMAN-aktiven Molekülschwingungen im Felde zweier hinreichend leistungsstarker Laserstrahlen mit den Frequenzen ω_1 und ω_2, deren Differenz gerade genau der Frequenz der Molekülschwingung ω_M entspricht. Die Anregung der Molekülschwingungen erfolgt infolge der Polarisierbarkeit der

Moleküle in einem Feld mit zwei Frequenzen. Die Beschreibung dieses Prozesses, der zuerst in [119] untersucht wurde, kann man in Abhandlungen über die nichtlineare Optik (z. B. im Buch [170]) finden. Zwei räumlich kohärente Wellen $E_1 \exp[i(\omega_1 t - \boldsymbol{k}_1\boldsymbol{r})]$ und $E_2 \exp[i(\omega_2 t$

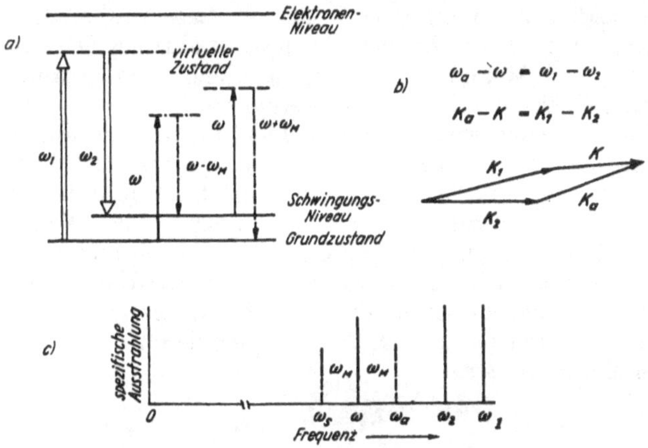

Abb. 46. Aktive kohärente RAMAN-Streuung des Lichtes einer Probewelle (ω, $\boldsymbol{k}$) an den kohärenten Molekülschwingungen der Frequenz ω_M, angeregt durch zwei kohärente Wellen (ω_1, $\boldsymbol{k}_1$), (ω_2, $\boldsymbol{k}_2$):
a) Niveauschema;
b) Bedingungen für die frequenzmäßige und räumliche Synchronisation der Anti-STOKES-Frequenz;
c) die Frequenz der Felder

$- \boldsymbol{k}_2\boldsymbol{r})]$ bringen im Medium Phononenschwingungen zur Anregung, die im Volumen kohärent sind, das heißt, die Amplitude der Phononenwelle im Medium hat die Form $E_1E_2 \exp[i(\boldsymbol{k}_1 - \boldsymbol{k}_2)\,\boldsymbol{r}]$. Schickt man nun auf das Medium eine Probewelle mit der Frequenz ω, so wird sie an den Phononenschwingungen gestreut, im Ergebnis erhält man Spektrallinien bei den Frequenzen $\omega_a = \omega + \omega_M$ und $\omega_s = \omega - \omega_M$ (Abb. 46), deren Leuchtdichte die der Spektrallinien bei der spontanen RAMAN-Streuung wesentlich übersteigt. Da andererseits die Bestrahlungsstärke der starken Wellen ω_1 und ω_2 sowie die des Probestrahles ω unterhalb der Schwelle für den induzierten RAMAN-Effekt liegen, entfallen sowohl die unkontrollierbaren Instabilitäten wie auch die Konkurrenzeffekte zwischen den einzelnen Linien. Stimmt man die Differenz zwischen den beiden Frequenzen $\omega_1 - \omega_2$ der Laserstrahlen ab, so kann man nacheinander alle RAMAN-aktiven Schwingungen des Mediums anregen, das heißt das gesamte RAMAN-Spektrum des Mediums erhalten.

Die Probelichtwelle $E \exp [i(\omega t - \boldsymbol{k}\boldsymbol{r})]$ wird an einem räumlichen Gitter von Molekülschwingungen, die über das Volumen in Phase sind, gestreut. Deshalb existiert wie gewöhnlich bei der Wechselwirkung ebener Wellen eine Richtung für die „räumliche Synchronisation" (Wegfall räumlich schnell veränderlicher Faktoren in der Erzeugungsgleichung für die Amplitude) der gestreuten Welle $E_s \exp [i(\omega_{s,a} t - \boldsymbol{k}_{s,a} \boldsymbol{r})]$, in der deren Amplitude zum Maximum wird:

$$\boldsymbol{k}_1 - \boldsymbol{k}_2 = \boldsymbol{k} - \boldsymbol{k}_s,$$

$$\boldsymbol{k}_1 - \boldsymbol{k}_2 = \boldsymbol{k}_a - \boldsymbol{k}. \tag{5.4}$$

Unter diesen Synchronisationsbedingungen ist die Amplitude der gestreuten Welle proportional zur Länge l des zurückgelegten Weges der Welle im Medium, und folglich ist die Streuintensität proportional zu l^2. Beim spontanen RAMAN-Effekt ist die spezifische Ausstrahlung der gestreuten Strahlung auf Grund der fehlenden Synchronisation der Molekülschwingungen der streuenden Teilchen proportional zu l. Die Bestrahlungsstärke der gestreuten Welle hängt mit der Bestrahlungsstärke der anderen Wellen über die Beziehung

$$I_{a,s} \sim I_1 \cdot I_2 \cdot I \tag{5.5}$$

zusammen, das heißt, sie ist proportional zur Bestrahlungsstärke aller drei Wellen. Bei der aktiven RAMAN-Spektroskopie sind in den Synchronisationsrichtungen die

Leuchtdichten der STOKES- und der Anti-STOKES-Komponente gleich, während beim spontanen isotropen RAMAN-Effekt die STOKES-Komponente die stärkere ist.

Man muß zwei Arten der aktiven RAMAN-Streuung — die kohärente und die nichtkohärente — unterscheiden. Die kohärente RAMAN-Streuung erfolgt in die Richtung der Synchronisation $\boldsymbol{k}_s$ für die STOKES-Welle und $\boldsymbol{k}_a$ für die Anti-STOKES-Welle. Dieser Umstand beruht auf der Tatsache, daß die Molekülschwingungen über das Volumen in Phase sind. Wenn man zum Beispiel die anregenden Felder ω_1 und ω_2 plötzlich ausschaltet, dann klingt diese gerichtete RAMAN-Streuung innerhalb der Phasenabklingzeit der Molekülschwingungen T_2 ab. Das heißt also, daß für die kohärente aktive RAMAN-Streuung die Polarisation des Mediums bei der Frequenz ω_M verantwortlich ist und nicht die Besetzung der Molekülniveaus. Natürlich können auch hinreichend starke Felder ω_1 und ω_2 das Schwingungsniveau der Moleküle $\hbar\omega_M$ in entsprechender Weise bevölkern, und folglich ist auch die isotrope RAMAN-Streuung bei der Anti-STOKES-Frequenz auf Grund der schwingungsangeregten Moleküle möglich, bei der reale Übergänge der Moleküle aus dem angeregten Niveau in den Grundzustand erfolgen. Schaltet man sprungartig die Felder bei den Frequenzen ω_1 und ω_2 ab, dann klingt diese nichtkohärente RAMAN-Streuung bei der Frequenz ω_a praktisch in einer Zeit ab, die der Relaxationszeit T_1 der Besetzung des Schwingungsniveaus entspricht. Die inkohärente isotrope RAMAN-Streuung bei der Frequenz ω_s entspricht der gewöhnlichen spontanen RAMAN-Streuung, die nicht von den Feldern E_1 und E_2 abhängt. Damit kann man also durch gleichzeitiges Registrieren der kohärenten (gerichteten) und der inkohärenten (nichtgerichteten) aktiven RAMAN-Streuung bei der Anti-STOKES-Frequenz im einzelnen die Phasenabklingzeit T_2 und die (Energie-)Relaxationszeit T_1 der Molekülschwingungen messen.

Die ersten Experimente auf dem Gebiet der aktiven RAMAN-Streuung an kohärenten Molekülschwingungen wurden in der Arbeit [171] bei der Untersuchung der Dispersion der Raman-Suszeptibilitäten einer Reihe organischer Flüssigkeiten durchgeführt. Eingehend wurde die Lichtstreuung an kohärenten Molekülschwingungen in der Arbeit [172] behandelt. In den darauffolgenden Jahren wurde diese Erscheinung in einer Reihe von Arbeiten mit Hilfe von Lasern untersucht, die auf zwei

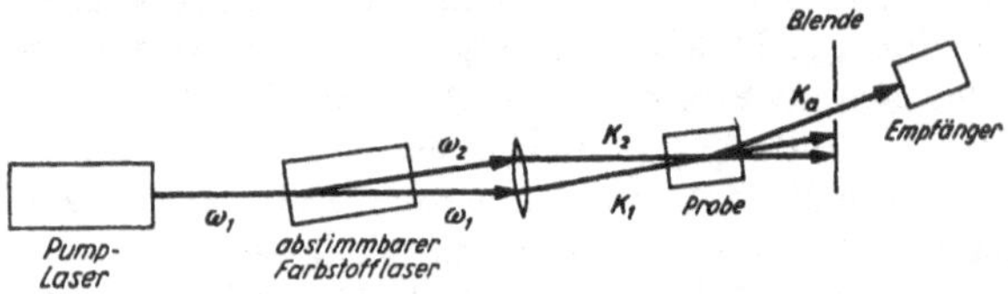

Abb. 47. Prinzipielles Schema eines Laserspektrometers, welches die Methode der aktiven kohärenten Anti-Stokes-Raman-Streuung des Lichtes verwendet

festen Frequenzen arbeiten. Die vielfältigen Möglichkeiten, die in der Methode der aktiven Raman-Streuung liegen, konnten allerdings erst durch die Anwendung von frequenzabstimmbaren Lasern zur Anregung der Molekülschwingungen erschlossen werden (Farbstofflaser [173, 174] und parametrische Generatoren [175]). Eine ausführliche Behandlung der aktiven Raman-Spektroskopie wurde unlängst von Achmanow und Korotjew [176] herausgegeben.

Bei der Verwirklichung der aktiven Raman-Spektroskopie können verschiedene Varianten der Anregung zur Anwendung kommen. Gewöhnlich sind zwei starke Wellen mit den Frequenzen ω_1 und ω_2, wovon die eine (ω_2) abstimmbar ist, und eine dritte Probewelle erforderlich. Anstelle der Probewelle ω kann man die Strahlung einer der anregenden Wellen mit der festen Frequenz ω_1 verwenden. In diesem Falle entsteht die gestreute Strahlung bei der Anti-Stokes-Frequenz $\omega_a = 2\omega_1 - \omega_2$. Der schematische Aufbau eines Laserspektrometers, in welchem die aktive kohärente Raman-Streuung mit oben erwähnter Anregungsart verwendet wird, ist in Abbildung 47 dargestellt. Dieser Aufbau ist der einfachste und wird in den meisten Experimenten verwendet.

Ein Beispiel für experimentelle Ergebnisse, wie man sie mit der kohärenten aktiven RAMAN-Spektroskopie erhält, ist in Abbildung 48 dargestellt (für Diamant [173]). In diesem Experiment wurde die Anregungsart verwendet, wie sie in Abbildung 47 dargestellt ist. Die Frequenzdifferenz der Laser wurde im Gebiet der Frequenz des optischen Phonons von Diamant durchgestimmt. Dabei wurde die kohärente RAMAN-Streuung bei der Anti-STOKES-Frequenz $\omega_a = \omega_3 = 2\omega_1 - \omega_2$ beobachtet. Im Resonanzgebiet konnte eine resonante Änderung der Leuchtdichte der Streustrahlung um mehr als 4 Größenordnungen nachgewiesen werden. Die Linienform der kohärenten aktiven RAMAN-Streuung ist dem Quadrat der nichtlinearen Suszeptibilität dritter Ordnung $|\chi^{(3)}|^2$ proportional. Die nichtlineare Suszeptibilität ist im Resonanzgebiet die Summe der reellen nichtresonanten Elektronensuszeptibilität χ^{NR} und der komplexen resonanten RAMAN-Suszeptibilität χ^R, was zu dem in der Abbildung 48 dargestellten Maximum und Minimum im Gebiet der RAMAN-Frequenz führt. Ändert man die Polarisation der wechselwirkenden Wellen, so kann man die kohärente Wechselwirkung ausschließen, die zu dem Resonanzeffekt führt. Der entsprechende nichtresonante Effekt ist ebenfalls in Abbildung 48 dargestellt.

Die Methode der aktiven RAMAN-Streuung liefert einen beträchtlichen Gewinn der Empfindlichkeit im Verhältnis zur Spektroskopie des spontanen RAMAN-Effektes. Das ist dadurch bedingt, daß das Signal quadratisch von der Probenlänge l und von der Bestrahlungsstärke der anregenden Wellen (bei $I_1 = I_2$) abhängt. Auch dann noch, wenn die Bedingung der räumlichen Synchronisation nicht genau erfüllt ist, wenn zum Beispiel $l_{\text{koh}} = 1$ mm beträgt, kann man durchaus eine Erhöhung der Empfindlichkeit um den Faktor $10^4 - 10^5$ erreichen. Diese Kohärenzlänge l_{koh} kann man in einem isotropen Medium mit Dispersion bei fast kollinearer Geometrie der An-

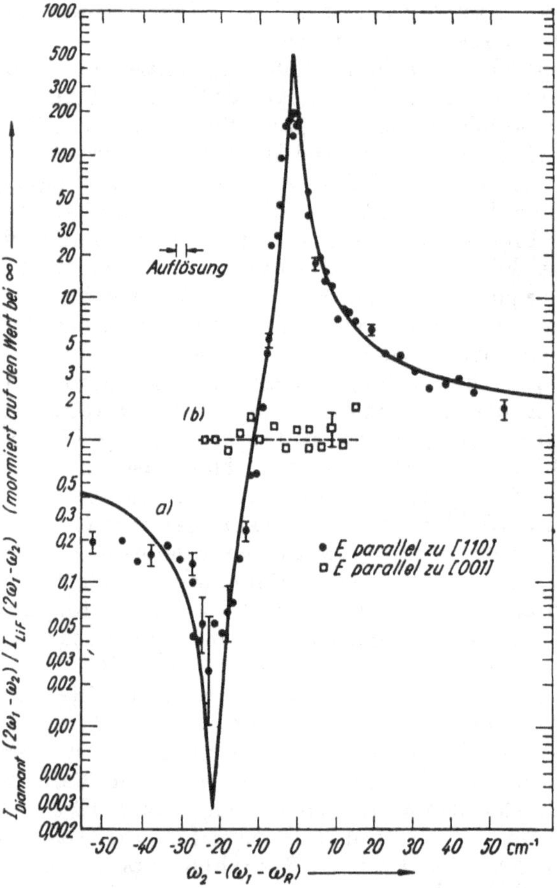

Abb. 48. Intensität der Anti-STOKES-Welle, die bei der Streuung der Welle ω_1 an den kohärenten Phononenschwingungen in Diamant entstehen, hervorgerufen durch die Lichtwellen mit den Frequenzen ω_1 und ω_2 [173]

regungswellen [176] erreichen. Bei genauester Erfüllung der Synchronisationsbedingung und der entsprechenden Geometrie kann man jedoch Grenzwerte für die Erhöhung der Empfindlichkeit erreichen, die zum Beispiel beim Benzol bei 10^9—10^{10} liegen. Eine zweite Besonderheit der Methode der kohärenten aktiven RAMAN-Spektroskopie besteht darin, daß man Medien untersuchen kann, die eine wesentliche, breitbandige Fluoreszenz aufweisen. Die Beobachtung des gestreuten Signals im Anti-STOKES-Gebiet in einer vorgegebenen Richtung gewährleistet praktisch, daß der Einfluß der breitbandigen isotropen Fluoreszenz, die im STOKES-Gebiet liegt, vollständig eleminiert wird. Dieser Vorteil erhält besondere Bedeutung bei der Untersuchung vieler molekular-biologischer Verbindungen. Die ersten Experimente in dieser Richtung ergaben eine Überhöhung des Signals der RAMAN-Streuung über das Niveau der Fluoreszenz von 10^5 [177].

Die radikale Erhöhung der Empfindlichkeit und die Unterdrückung des Fluoreszenzuntergrundes, die mit der Methode der aktiven kohärenten RAMAN-Spektroskopie erhalten werden, führen offensichtlich dazu, daß in allernächster Zeit kommerzielle Laser-RAMAN-Spektrometer geschaffen werden, die einen vollständig neuen Typ darstellen und die einen frequenzabstimmbaren Laser als Lichtquelle haben. Der einfachste Aufbau eines solchen Spektrometers ist in Abbildung 47 dargestellt.

6. Der Nachweis kleiner Atom- und Molekülkonzentrationen

Eine der wertvollsten und wichtigsten Anwendungen der oben dargestellten Methoden der Laserspektroskopie ist die Spurenanalyse von Atomen und Molekülen. Diese Problematik besitzt einerseits eine große Bedeutung bei wissenschaftlichen Untersuchungen in Laboratorien, da die Empfindlichkeit der Meßapparatur erhöht wird, und andererseits ist sie auch von nicht geringem Interesse für die Untersuchung von Mikrokonzentrationen von Atomen und Molekülen in der Umwelt, so zum Beispiel in der Atmosphäre, der Hydrosphäre und der Ionosphäre. Das zweite der beiden Anwendungsgebiete ist von besonderer Wichtigkeit vor allem auf Grund der in der letzten Zeit ständig steigenden Anforderungen an die Kontrolle der Umweltverschmutzung durch die kontinuierlich zunehmende Industrialisierung. Aus anderen Anwendungsgebieten soll hier das Auffinden von Bodenschätzen an Hand der durch sie in die Atmosphäre emittierten Gase genannt werden. Mit dieser Methode kann man eine wesentlich höhere Produktivität auf großen Flächen erreichen als mit bisherigen Methoden. Die Methoden der Laserspektroskopie sind in der Lage, die Mehrzahl der anstehenden Aufgaben bei der Spurenuntersuchung von Atomen und Molekülen zu bewältigen, die häufig mit keiner anderen Methode zu lösen ist. Das trifft unter anderem auf die Fernuntersuchung von Atomen und Molekülen zu, wenn es keine Möglichkeit einer örtlichen Analyse in der Probe selbst gibt.

6.1. Lokaler Nachweis von Atomen

Der lokale Nachweis von Atomspuren, das heißt der Nachweis von Atomen in der Probe, ist einer der am weitesten entwickelten Zweige der analytischen Spektroskopie. Gewöhnlich wird für diese Zwecke die Fluoreszenzmethode durch Anregung der Fluoreszenz mit einer Hohlkathoden-Spektrallampe angewendet. Die Nachweisgrenze, die durch das Verhältnis aus der Größe der schwachen Fluoreszenz und der Größe des Untergrundes bestimmt wird, liegt hierbei bei 10^{-16} g bis 10^{-10} g oder bei 10^7 bis 10^{13} Atomen. Der Ersatz der Hohlkathodenlampe durch einen Laser mit abstimmbarer Frequenz erhöht, wie in Abschnitt 3.5. gezeigt, radikal die Empfindlichkeit der Fluoreszenzmethode. Praktisch wurde eine Empfindlichkeit erreicht, die durch den Nachweis eines

Photoelektrons pro Impuls aus einem angeregten Volumen, das 10^5 Na-Atome enthält [178], gegeben ist. Eine noch weitaus höhere Empfindlichkeit müßte mit frequenzabstimmbaren Lasern im kontinuierlichen Betrieb erreicht werden können. Wie weiter oben gezeigt wurde, ist im Prinzip der Nachweis der Resonanzstrahlung, die nur von einem einzigen Atom kommt, möglich. Wenn die kontinuierliche Strahlung den Absorptionsübergang des Atoms sättigt, dann verbringt ein Atom die Hälfte der gesamten Bestrahlungszeit im angeregten Zustand, und die von ihm in resonanter Weise wieder ausgestrahlte Leistung beträgt folglich $1/2\, A_{12}\hbar\omega$ mit A_{12} als EINSTEIN-Koeffizient für die spontane Emission. Für die resonante D_2-Linie des Natriums beträgt die Lebensdauer des angeregten Atoms 16 ns. Folglich streut ein Natriumatom in einer Sekunde $3{,}2 \cdot 10^7$ Photonen, falls die Bestrahlungsstärke einige Male größer ist als die für die Sättigung benötigte, die bei $2{,}1 \cdot 10^{-2}$ W/cm² liegt. Die Weiterentwicklung der abstimmbaren Laser vor allem im ultravioletten Spektralbereich, in dem die Resonanzlinien der meisten Elemente liegen, führt zur Herstellung außerordentlich empfindlicher Detektoren für Spurenuntersuchungen von Atomen auf der Grundlage der Laserfluoreszenzmethode.

Zum Nachweis einzelner Atome kann auch die Methode der selektiven zweistufigen Ionisation [9] verwendet werden. Diese Methode beruht auf der selektiven Anregung des Atoms in einen vorgegebenen Quantenzustand und der nachfolgenden Photoionisation nur dieser angeregten Atome durch eine zusätzliche Laserstrahlung. Die Energie der Photonen dieser ionisierenden Strahlung $\hbar\omega_2$ wird aus der Bedingung

$$E_i - \hbar\omega_1 < \hbar\omega_2 < E_i \tag{6.1}$$

bestimmt, worin E_i die Ionisationsenergie des Atoms und $\hbar\omega_1$ die Energie des angeregten Zustandes sind. Falls die Bestrahlungsstärke der ionisierenden Strahlung $P_2 \gtrapprox \hbar\omega_2/2\sigma_i T_i$ ist (mit σ_i als Ionisationsquerschnitt und T_i als Lebensdauer des angeregten Zustandes), dann wird jedes angeregte Atom ionisiert. Diese Methode ist im Prinzip geeignet, einzelne Atome nachzuweisen. Im Unterschied jedoch zu der oben erwähnten Fluoreszenzmethode handelt es sich hier um eine Nachweismethode, bei der die Atome „zerstört“ werden. Am zweckmäßigsten wendet man diese Methode zum Nachweis von Atomen in metastabilen Zuständen an, bei denen die Fluoreszenz sehr schwach ist und für die Ionisierung nur geringe Leistungen benötigt werden. Außerdem hat die Photoionisationsmethode mit selektivem Nachweis der Atome einen außerordentlich wichtigen Vorteil gegenüber allen anderen Methoden, der darin besteht, daß das zu beobachtende Atom durch äußere elektrische und magnetische Felder herausgesondert werden kann. Diese Eigenschaft ist auch die Grundlage für die Methoden der Laserisotopentrennung und die Gewinnung von besonders reinen Substanzen mit Hilfe von Lasern.

Das erste Experiment hinsichtlich der zweistufigen Ionisation von Atomen wurde in der Arbeit [179] an Rubidiumatomen durchgeführt. Das Schema der bei der Photoionisation der Rubidiumatome verwendeten Niveaus sowie das Prinzip des Experimentes sind in Abbildung 49 dargestellt. Die Ausgangsstrahlung eines Farbstofflasers mit einer Wellenlänge von $\lambda_1 = 7950$ Å regt einen Teil der Rubidiumatome in den Zustand $5^2P_{1/2}$ an. Die Photoionisation dieser angeregten Atome wird mit der gepulsten Strahlung bei der zweiten Harmonischen eines Rubinlasers, der auch zum Pumpen des Farbstofflasers benutzt wird, durchgeführt. Die Energie eines Quantes bei der zweiten Harmonischen ist für die Photoionisation der angeregten Atome hinreichend (für Rubidium $E_i - \hbar\omega_1 = 2{,}62$ eV), jedoch für eine Photoionisation der Atome aus dem Grundzustand zu klein ($E_i = 4{,}18$ eV). Beide Laserimpulse werden auf die Gaszelle geschickt, in der sich der Rubidiumdampf bei einem Druck von 10^{-3} Torr befindet. Bei Übereinstimmung der Wellenlänge des frequenzabstimmbaren Lasers mit der Absorptionslinie des Rubidiums ergibt sich ein starkes

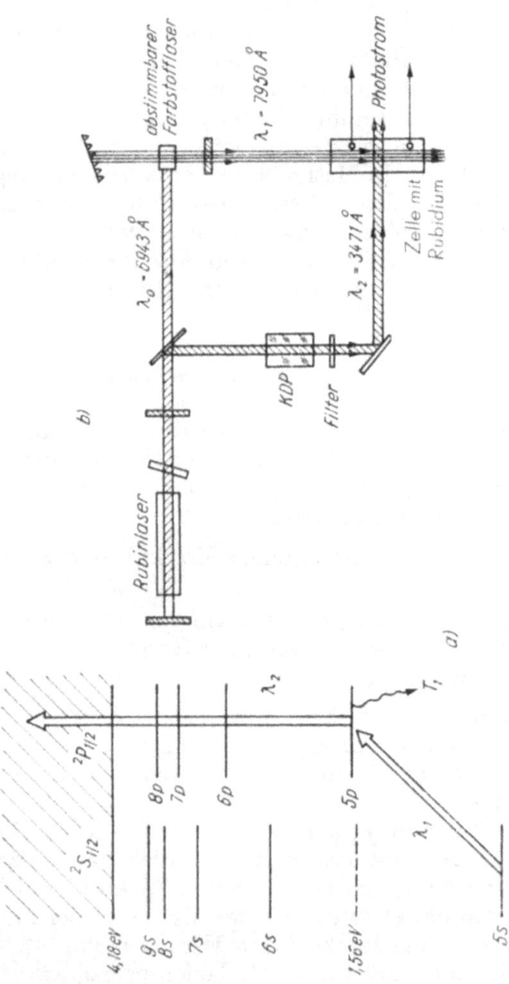

Abb. 49. Selektive zweistufige Ionisation von Rb-Atomen durch Laserstrahlung:

a) Niveauschema;
b) Schema des experimentellen Aufbaues

Anwachsen des Photostromes. Ein ähnliches Experiment wurde später mit Natrium-Atom-Strahlen in der Arbeit [180] und mit Uran-Atom-Strahlen bei gleichzeitiger Extraktion von Ionen eines bestimmten Uranisotops in der Arbeit [181] durchgeführt. In der gegenwärtigen Zeit wird die Methode der selektiven Ionisation von Atomen in großem Umfang als Methode zur Isotopentrennung untersucht. Aus den Ergebnissen dieser Untersuchungen gewinnt auch die Spektroskopie eine neue Methode zum Nachweis und zur Aussonderung von Atomen einer bestimmten Sorte aus einem Gemisch von Atomen.

6.2. *Selektiver lokaler Nachweis von Molekülen*

Das Problem des selektiven Nachweises von Molekülen mit Hilfe der Lasermethoden ist besonders kompliziert und in unterschiedlichem Grade gelöst, wobei wir drei Molekülkategorien unterscheiden:

1. Einfache zwei- und dreiatomige Moleküle und Radikale,
2. Moleküle mit relativ geringer Zahl von Atomen mit gut aufgelöster Schwingungs-Rotations-Struktur,
3. komplexe Moleküle.

Das Problem ist praktisch für Moleküle der Kategorie 1 gelöst, für Moleküle der Kategorie 2 in vielen Fällen prinzipiell gelöst und für die Moleküle der Kategorie 3 vollständig ungelöst.

Der Nachweis von Spuren einfacher Moleküle, die scharfe Linien der Absorption in den Elektronenübergängen im sichtbaren und ultravioletten Spektralbereich haben, wird am effektivsten mit den Methoden der Fluoreszenzspektroskopie durchgeführt. Wie in Abschnitt 3.5. gezeigt wurde, kann mit diesen Methoden prinzipiell die Grenze der Nachweisempfindlichkeit erreicht werden, die einzelnen Molekülen in einem Schwingungs-Rotations-Zustand entspricht. Der überaus größte Teil der Moleküle jedoch besitzt im gasförmigen Zustand keine scharfen Linien für die Elektronenübergänge. Für eine bestimmte Klasse von Molekülen — die aromatischen Kohlenwasserstoffe — hat man die Möglichkeit, schmale Fluoreszenzlinien bei niedrigen Temperaturen im eingefrorenen Zustand zu erhalten (Schpolski-Effekt [182]). In der letzten Zeit konnte man nachweisen, daß der Schpolski-Effekt für viele Moleküle gültig ist, jedoch unter üblichen experimentellen Bedingungen auf Grund der inhomogenen Verbreiterung der Spektrallinien der Moleküle in den eingefrorenen Lösungen nicht beobachtet werden kann [183]. Bei monochromatischer Anregung der Moleküle in den Lösungen bei tiefen Temperaturen mit Laserstrahlung beobachtet man bei sehr vielen Molekülen eine schmalbandige Fluoreszenz, die zum selektiven Nachweis dieser Moleküle in schwachen Konzentrationen verwendet werden kann. Das gilt in Sonderheit für den Nachweis von Spuren einer Reihe von Kohlenwasserstoffen in der Luft, die starke kanzerogene Stoffe sind.

Zum Nachweis komplizierterer Moleküle, die unter bekannten Bedingungen keine schmalen Absorptions- und Fluoreszenzlinien bei den Elektronenübergängen haben, muß man offensichtlich das Schwingungs-Rotations-Spektrum im infraroten Spektralbereich heranziehen. Für Moleküle, die eine gut aufgelöste Schwingungs-Rotations-Struktur haben, sind die Absorptionsmethode sowie die opto-akustische Methode anwendbar. Auf diese Weise kann man eine Reihe von Molekülen nachweisen, die sich in den Auspuffgasen von Verbrennungsmotoren befinden [7, 8]. Die Grenze der Empfindlichkeit dieser Methoden (siehe Tabelle 8 in Kapitel 3) liegt im Gebiet von 10^8 bis 10^{10} Moleküle/cm^3, das heißt in der Größenordnung von einem Verunreinigungsteil auf 10^9 bis 10^{10} Teile Luft. Das Haupthindernis für das Erreichen dieser hohen Empfindlichkeit liegt jedoch im Untergrund, hervorgerufen durch die schwachen Absorptionen des Mediums, aus dem sich das eigentliche Signal der nachzuweisenden Moleküle nicht heraushebt. Aus diesem Grunde ist die Grenzempfindlichkeit, die im Laboratorium beim Nachweis von Molekülen im reinen Medium, zum Beispiel in Edelgasen, erreicht wird, beim Nachweis derselben Moleküle in der Atmosphäre nicht zu realisieren. Die Sachlage wird auch noch dadurch erschwert, daß das Spektrum der schwachen Absorptionen der Luft und ihrer Verunreinigungen im infraroten Spektralbereich bei Absorptionskoeffizienten von 10^{-6} bis 10^{-8} cm^{-1} noch nicht durchforscht ist.

Deshalb ist es für den selektiven Nachweis von Molekülen der Kategorie 2 unbedingt notwendig, die oben beschriebenen Methoden zu vervollständigen, um ihre Selektivität zu erhöhen. Eine Möglichkeit zur Vervollständigung der opto-akustischen Methode ist in Abbildung 50a dargestellt. Die Idee besteht in der selektiven Anregung des Schwingungsniveaus mit der Energie $\hbar\omega_1$ und der anschließenden Anregung des höher gelegenen Schwingungsniveaus mit der Energie $\hbar(\omega_1 + \omega_2)$ mit einer zusätzlichen Infrarotstrahlung. Die Bestrahlungsstärke der einzelnen Strahlungen ist mit verschiedenen akustischen Frequenzen Ω_1 und Ω_2 moduliert. Auf Grund der immer vorhandenen Untergrundabsorption der Strahlung durch andere Moleküle, deren Absorptionslinien in die Frequenzbereiche von ω_1 und ω_2 fallen, entstehen opto-akustische Signale bei den Schallfrequenzen Ω_1 und Ω_2, die von den Signalen, welche von den nachzuweisenden Molekülen herrühren, nicht zu trennen sind. Auf Grund der Zweistufenanregung der nachzuweisenden Moleküle jedoch muß ein opto-akustisches Signal bei den Frequenzen $\Omega_1 \pm \Omega_2$ entstehen, das nur von Molekülen herrühren kann, die zwei hinsichtlich der Frequenzen zusammenfallende Übergänge haben. Die Wahrscheinlichkeit einer solchen Übereinstimmung ist wesentlich geringer, als die Übereinstimmung bei einer Absorptionslinie. Deshalb sollte eine solche Methode eine wesentlich höhere Selektivität besitzen, sie erfordert jedoch andererseits erstens die Kenntnis des Spektrums der Schwingungsübergänge zwischen den angeregten Schwingungsniveaus und zweitens eine hinreichende Sättigung der Absorption im ersten Schwingungsübergang mit der Quantenenergie $\hbar\omega_1$.

Die zweistufige Anregung kann auch wesentlich zur Erhöhung der Empfindlichkeit des selektiven Nachweises

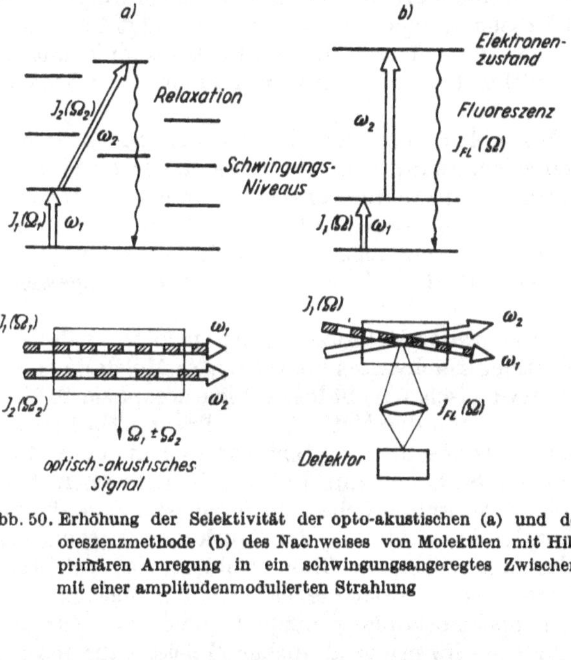

Abb. 50. Erhöhung der Selektivität der opto-akustischen (a) und der Fluoreszenzmethode (b) des Nachweises von Molekülen mit Hilfe einer primären Anregung in ein schwingungsangeregtes Zwischenniveau mit einer amplitudenmodulierten Strahlung

von komplizierten Molekülen beitragen, die eine breitbandige Fluoreszenz haben. Eine infrarote Laserstrahlung, die mit einer Frequenz Ω amplitudenmoduliert ist, regt ein Schwingungsniveau eines Moleküls an (Abb. 50b). Bei weiterer Anregung mit ultravioletter Strahlung der Frequenz ω_2 in einen fluoreszierenden Elektronenzustand des Moleküls wird ein Teil der Moleküle aus dem angeregten Schwingungszustand weiter angehoben und ruft somit eine mit der Frequenz Ω modulierte Fluoreszenz hervor. Registriert man die Abhängigkeit der Leistung der modulierten Fluoreszenz von der Frequenz ω_1 der infraroten Strahlung, so kann man auf diese Weise Moleküle mit bestimmten Schwingungsbanden nachweisen. Eine solche Absorptions-Fluoreszenz-Spektroskopie, bei der die Methode der zweifachen Infrarot-Ultraviolett-Resonanz angewendet wird, vereinigt in sich die Selektivität der Infrarot-Molekül-Spektroskopie mit der Empfindlichkeit der Ultraviolett-Fluoreszenz-Spektroskopie.

Bei Molekülen, die keine Fluoreszenz im angeregten Zustand zeigen, kann man die Methode der zweistufigen selektiven Dissoziation unter der Wirkung von infraroter und ultravioletter Laserstrahlung [9] anwenden, wobei anschließend die einfacheren Dissoziationsprodukte beispielsweise mit der Fluoreszenzmethode nachgewiesen werden.

Alle betrachteten Methoden können jedoch das Problem des selektiven Nachweises komplizierter Moleküle (Kategorie 3) in Gemischen nicht lösen. Viele komplizierte Moleküle haben ein mit den Methoden der linearen Spektroskopie nicht aufzulösendes System von Schwingungs-Rotations-Linien. So haben zum Beispiel die höheren Kohlenwasserstoffe kontinuierliche Schwingungsbanden, die sich bei einer Strukturänderung der Moleküle nur wenig voneinander unterscheiden. Das Problem des selektiven Nachweises dieser Moleküle ist mit den Methoden der linearen Spektroskopie prinzipiell unlösbar. Zur Zeit wird zur Identifizierung ähnlicher Moleküle die massenspektrometrische Analyse in Verbindung mit chemischen Analysenmethoden angewandt. Es zeichnen sich jedoch schon jetzt Richtungen der Laserspektroskopie ab, in denen man die Erarbeitung von physikalischen Methoden zur Beobachtung und Identifizierung von komplizierten Molekülen erwarten kann.

In erster Linien sollten hier die Methoden der nichtlinearen Spektroskopie innerhalb der DOPPLER-Linienbreite eine Rolle spielen, die eine Erhöhung der spektralen Information und des Selektivitätsgrades von 10^3 bis 10^5 gewährleisten. Die ersten Experimente hinsichtlich einer quantitativen Analyse von Kohlenwasserstoffen mit den Methoden der Spektroskopie der Absorptionssättigung [148] deuten auf die große Perspektive dieser Richtung hin (siehe Abschnitt 4.6. und Abbildung 39). Die Entwicklung von kontinuierlich arbeitenden, frequenzabstimmbaren Lasern mit einer sehr schmalen Linie der Ausgangsstrahlung (etwa vom Typ des Spin-Flip-Lasers mit einem CO-Laser als Pumplichtquelle, wie er in Abschnitt 2.2. beschrieben ist) wird zu einer breiten Anwendung der Methoden der nichtlinearen Spektroskopie auf dem Gebiete der Spektralanalyse komplizierter Moleküle führen.

Eine weitere Möglichkeit zur Erhöhung der Empfindlichkeit und der Selektivität des Nachweises komplizierter Moleküle beruht auf der Verwendung der Laserstrahlung in der Massenspektroskopie. Erstens kann man die Laserstrahlung im Gebiet des Vakuum-Ultraviolett zur Photoionisation der Moleküle im Molekularstrahl verwenden. Die ersten Experimente hinsichtlich einer Photoionisation von Molekülen mit der Strahlung eines Wasserstofflasers bei 1600 Å zeigen, daß eine Erhöhung der Empfindlichkeit der Massenspektrometer auf Grund einer effektiveren Ionisation der Moleküle [184] um einige Größenordnungen real ist. Zweitens kann man eine selektive Anregung der nachzuweisenden Moleküle in einen Elektronen- oder einen Schwingungszustand durchführen. Eine solche Anregung ändert die Wahrscheinlichkeit für die anschließende Photoionisation der Moleküle und kann folglich eine zusätzliche Information über den Strukturunterschied von Molekülen geben, die genau dieselbe Masse haben. Das ist zum Beispiel beim selektiven Nachweis von molekularen Stereoisomeren, die dieselbe Masse, jedoch unterschiedliche Schwingungsniveaus haben, sehr wichtig.

Damit kommen wir zum prinzipiellen Problem der Erarbeitung physikalischer Methoden zum Nachweis und zur Identifizierung so geringer Beimengungen organischer Substanzen mit solcher Vollkommenheit, wie sie durch die Geruchsorgane von Mensch und Tier erreicht werden. Die Physik hat Geräte entwickelt, die viele Male empfindlicher sind als unsere Sinnesorgane, mit einer Ausnahme — der Empfindlichkeit des Geruchssinnes. Das Organ des Geruchsinns ist sehr effektiv und kompliziert, die einzelnen Prozesse sind bis heute noch nicht geklärt. Nach Meinung von P. L. Kapitza ist das „Erreichen des Geruchssinnes des Hundes" eines der Probleme, die die Physik in der Zukunft zu lösen hat [185]. Die Methoden der Laserspektroskopie, die oben erwähnt sind und die noch zu entwickeln sind, sollten offensichtlich eine wichtige Rolle bei der Lösung dieser Problematik spielen.

6.3. Der Nachweis von Atomen und Molekülen auf große Distanz

Eine der wichtigsten Errungenschaften der Laserspektroskopie ist die Ausarbeitung von Methoden zur Beobachtung und zur Identifizierung von Atomen und einfachen Molekülen in der Atmosphäre und sogar in der Ionosphäre über große Entfernungen. Diese Methode wird in Anlehnung an das allgemein bekannte Verfahren des „Radar" als „Lidar" (Light Detection and Ranging) bezeichnet. Die Geräte zur qualitativen und quantitativen Bestimmung der Zusammensetzung der Atmosphäre sind eine Kombination eines optischen Entfernungsmessers auf der Grundlage eines Lasers (optisches Radar) und eines Laserspektrometers. Die Methode des Lidar beruht darauf, daß ein Laserimpuls in ein Raumgebiet gewisser Entfernung geschickt wird, in dem sich die nachzuweisenden Teilchen befinden, und dann die schwache zurückkommende Strahlung empfangen wird. Die zurückkommende Strahlung ist gestreute Strahlung auf Grund von Resonanzstreuung, Raman-Streuung oder Rayleigh-Streuung. Die ersten beiden Streuarten geben einen unmittelbaren Beitrag zur Bestimmung des Typs der streuenden Teilchen, die letzte Art liefert nur einen störenden Untergrund. Die in Rückwärtsrichtung laufende RAYLEIGH-Streustrahlung liefert allerdings zusammen mit der Resonanzabsorption der nachzuweisenden Teilchen ebenfalls einen auswertbaren Beitrag zur selektiven Beobachtung von Teilchen mit Hilfe des Lidar.

Resonanzfluoreszenz. Bei dieser Methode wird ein frequenzabstimmbarer Laser verwendet, dessen Frequenz auf die Linie der Resonanzstreuung der nachzuweisenden Teilchen eingestellt wird. Die räumliche Auflösung der Entfernung wird durch stroboskopischen Strahlungsempfang mit einer definierten Verzögerung gegenüber dem Startzeitpunkt des Laserimpulses gewährleistet. Zur Unterscheidung der resonant gestreuten Strahlung vom Untergrund der nichtresonanten RAYLEIGH-Streuung durch die Atmosphäre wird eine Differentialmethode angewandt, bei der die Strahlung auf mindestens zwei Frequenzen ausgesandt wird — auf einer resonanten und einer nichtresonanten Frequenz. Der Wirkungsquerschnitt der Resonanzstreuung ist so groß, daß ein gesicherter Nachweis von Atomen und einfachen Molekülen in bedeutenden Entfernungen — bis zu einigen zehn Kilometern — möglich ist. Mit dieser Methode wurde zum Beispiel in der Arbeit [13] mit Hilfe eines gepulsten Farbstofflasers mit Blitzlampen als Pumplichtquelle, der bei der Frequenz der D-Linien des Natriums ganze 2 mWs abstrahlt, der Nachweis von Natriumdämpfen in der oberen Atmosphäre in einer Höhe von 90 km durchgeführt. Systematische Messungen ergaben eine Konzentration an Natriumatomen von etwa 10^3 Atomen/cm^3 [186]. Diese Methode gestattet es, auch andere Atome, Ionen und Moleküle in der oberen Atmosphäre nachzuweisen. Dazu benötigt man jedoch Farbstofflaser mit einer höheren Energie pro Impuls. Unter anderem kann man OH-Radikale, die in der Atmosphärenchemie eine bedeutende Rolle spielen, da sie am Prozeß der Umwandlung des CO in das CO_2 beteiligt sind, nachweisen.

Raman-Streuung. Bei dieser Methode sind die Informationen über die streuenden Teilchen in den spektralen Komponenten der zurückgestreuten Strahlung enthalten, die relativ zur Frequenz der Laserstrahlung, welche an Inhomogenitäten, Fluktuationen und Aerosolen in der Atmosphäre gestreut wird, verschoben sind. Außerdem kann man mit Hilfe eines Lasers mit fester Frequenz

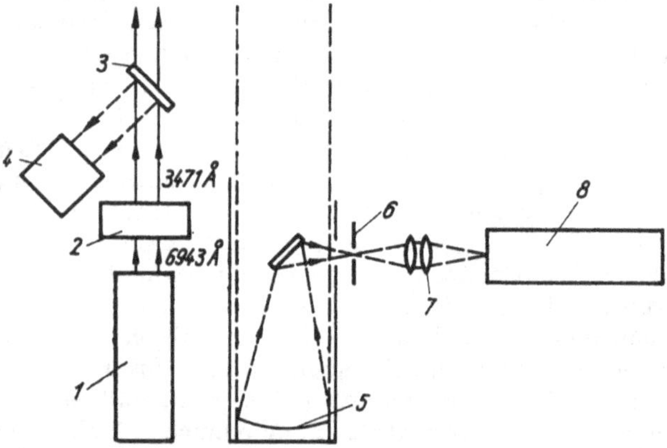

Abb. 51. Schema eines typischen Lidar-Systems auf der Basis des RAMAN-Effektes (1. Gepulster Rubinlaser; 2. Frequenzverdopplerkristall; 3. Lichtteiler; 4. Photoempfänger zur Bestimmung der Strahlungsenergie des Impulses; 5. Spiegel des Empfangsteleskopes; 6. Blende; 7. Objektiv; 8. Doppelmonochromator mit Photoempfänger als Nachweissystem)

gleichzeitig Informationen über viele streuende Komponenten erhalten. Darin liegt auch der besondere Wert des Lidar, welches die RAMAN-Streuung zur Grundlage hat. Die Schaltung eines typischen RAMAN-Lidar ist in Abbildung 51 gezeigt. Gewöhnlich wird ein Impulslaser verwendet, der im kurzwelligen Spektralbereich emittiert (zweite Harmonische eines Rubinlasers bei 347,1 nm; Stickstofflaser bei 337,1 nm; zweite, dritte und vierte Harmonische von Neodym-YAG-Lasern bei 532 nm,

355 nm und 266 nm). Dadurch kann man den im kurzwelligen Spektralgebiet größeren Wirkungsquerschnitt für die Streuung ($I_{str} \sim 1/\lambda^4$) sowie die erhöhte Empfindlichkeit der Photodetektoren im Ultraviolett ausnutzen. Zum Empfang der Strahlung wird ein Teleskop mit möglichst großer Apertur (30 bis 50 cm) verwendet, das die gestreute Strahlung auf den Eingangsspalt des Spektrometers oder auf einen Block schmalbandiger Interferenz- und Kantenfilter sammelt. Weiterhin enthält ein Lidar-Gerät eine elektronische Anlage zur Verarbeitung des Signals und seiner zeitlichen Zuordnung.

Die ersten Experimente zur Untersuchung der Atmosphäre mit der Methode des Laser-RAMAN-Lidar wurden in der Arbeit [187] durchgeführt. In den ersten Arbeiten wurde eine relativ niedrige Empfindlichkeit von nur 1 Molekül CO_2 und SO_2 auf 10^3 andere Moleküle in der Luft in einer Entfernung von 20 m [188] erreicht. Nach der optimalen Gestaltung der Parameter der wichtigsten Elemente des Lidar-Gerätes konnte eine hinreichend hohe Empfindlichkeit erreicht werden. Das am weitesten entwickelte RAMAN-Lidar-Gerät ist in [189] beschrieben. In diesem Gerät wird die zweite Harmonische eines Rubinlasers, der mit einer Folgefrequenz von 2 Hz arbeitet, verwendet. Im Empfangsteil wurde ein spezieller Photoelektronenvervielfacher mit sehr hoher Quantenausbeute der Photokathode (32%) eingesetzt, weiterhin wurden Signalspeicherung für die Auswertung, getastete Empfänger für das Arbeiten bei Tageslicht und Signalnormierung auf der Basis eines Vergleichssignals, das aus der Streuung am atmosphärischen Stickstoff gewonnen wurde, zur Kompensation von Störungen durch Instabilitäten des physikalischen Zustandes der Atmosphäre verwendet. Die Messungen wurden bis zu Entfernungen von 10^3 m mit einer räumlichen Auflösung von 10 m und einer zeitlichen Datenspeicherung bis zu 50 s durchgeführt. Die Empfindlichkeit beim Nachweis von H_2O-, CO_2- und SO_2-Molekülen betrug 300 ppm und bei Kohlenwasserstoffen 17 ppm bei einer Entfernung von 200 m. Es liegen Angaben über die Erhöhung der Empfindlichkeit beim Übergang zu kürzeren Wellenlängen vor. So gelingt es zum Beispiel, bei der Verwendung der vierten Harmonischen eines Neodym-YAG-Lasers die Empfindlichkeit des Nachweises von O_3-Molekülen bis zu 0,005 ppm und bei SO_2-Molekülen bis zu 0,05 ppm bei Entfernungen von 2 bis 3 km [190] zu steigern, was durch die Resonanzbedingungen der Anregung der RAMAN-Streuung erklärt werden kann.

In vielen Laboratorien einer Reihe von Ländern sind RAMAN-Lidar-Anlagen stationärer und transportabler Art erprobt worden. In naher Zukunft wird offensichtlich mit Anlagen dieser Art ein Kontrolldienst für die Umweltverschmutzung aufgebaut werden.

Resonanzabsorption. Dieser Effekt kann in direkter Form nicht für den Nachweis über große Entfernungen eingesetzt werden, da hierfür der Aufbau eines Spiegels zur Reflexion der Strahlung benötigt wird. Man kann jedoch zur Reflexion der Strahlung die unvermeidbare nichtresonante Streuung der Strahlung in der Atmosphäre an verschiedenen Inhomogenitäten (MIE-Streuung und RAYLEIGH-Streuung) verwenden. In diesem Falle besteht die Messung in der Beobachtung der resonanten Abschwächung der Rückwärtsstreuung beim Abstimmen der Laserfrequenz auf die Linie der Resonanzabsorption der nachzuweisenden Moleküle in der Atmosphäre. Es ist klar, daß für den Nachweis der selektiven Absorption eine Differenzmethode angewendet werden muß, das heißt, es muß eine Differenzmessung der Schwächung des rückgestreuten Lichtes bei der Absorptionslinie und außerhalb dieser erfolgen. Eine solche Methode wurde erfolgreich beim Nachweis eines für die industrielle Luftverschmutzung wichtigen Moleküls, dem NO_2, angewendet [191]. Mit Hilfe eines Farbstofflasers im Gebiet von 455 nm bis 470 nm wurde eine Empfindlichkeit von 0,2 ppm auf eine Entfernung von 4 km erreicht. Die Methode wurde erfolgreich beim Nachweis der Emission von NO_2-Molekülen in die Atmosphäre durch ein chemisches Werk über

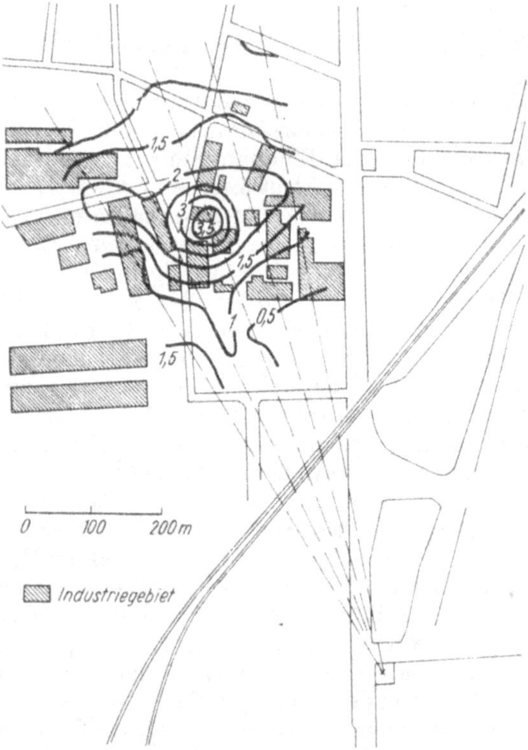

Abb. 52. Verteilung der Konzentration von NO_2-Molekülen in der Umgebung eines chemischen Werkes in 45 m Höhe, gemessen mit der Differential-Absorptions-Methode. Die Konzentrationen sind angegeben in ppm [191]

größere Entfernungen angewandt. Zur Veranschaulichung ist in Abbildung 52 die in [191] erhaltene Konzentrationsverteilung an NO_2-Molekülen in der Umgebung dieses Werkes in einer Höhe von 45 m dargestellt. Diese hier entwickelte Methode ist ebenso für andere molekulare Luftverunreinigungen anwendbar.

7. Zweiphotonen-Absorptions-Spektroskopie

Die Zweiquantenübergänge erweitern wesentlich die Möglichkeiten nicht nur der gewöhnlichen, sondern auch der Laserspektroskopie der Einquantenübergänge. Viele Aspekte der Zweiquantenspektroskopie sind schon weiter oben betrachtet worden. In Kapitel 4 wurde untersucht, wie man schmale Zweiphotonenresonanzen ohne DOPPLER-Verbreiterung mit Hilfe der gleichzeitigen Absorption von zwei Photonen aus gegenläufigen Wellen durch sich bewegende Teilchen im Gas erhalten kann. In Kapitel 5 wurde die RAMAN-Streuung des Lichtes, die ebenfalls einen Zweiquantenprozeß darstellt, als Streuprozeß und als Absorptionsprozeß (inverse RAMAN-Streuung) behandelt. Wir wollen uns deshalb hier auf die Behandlung der Zweiphotonenabsorption bei der Spektroskopie kondensierter Materie beschränken, wobei wir unter Zweiphotonenabsorption die Übergänge zwischen Elektronenniveaus verstehen wollen, um nicht noch einmal die Vorgänge bei der RAMAN-Streuung betrachten zu müssen. Dabei ist die Energiedifferenz zwischen diesen Niveaus gleich der Summe der absorbierten Energiequanten $\hbar\omega_1 + \hbar\omega_2$ (Abb. 53a). Eine solche Zweiquantenabsorption wurde erstmalig in der Arbeit [192] beobachtet.

Zweiquantenübergänge haben folgende für die Spektroskopie wichtige Besonderheiten: Erstens haben Zweiquantenübergänge andere Auswahlregeln als Einquantenübergänge. In der Dipolnäherung zum Beispiel sind Zweiphotonenübergänge nur zwischen Zuständen gleicher Parität erlaubt, während Einquantenübergänge nur zwischen Niveaus ungleicher Parität erlaubt sind. Darüber hinaus kann man aus den Zweiphotonenspektren im Prinzip mehr Information (als aus den Einphotonenspektren) im Zusammenhang mit der Absorption von zwei Frequenzen ω_1 und ω_2 erhalten. Zweitens kann man bei der Zweiquantenanregung Zustände der Teilchen besetzen, die im Falle der Einquantenprozesse Photonen erfordern würden, die durch die Festkörpermatrix absorbiert würden, in denen sich das Teilchen befindet. Dadurch ist es im Prinzip möglich, auf selektive Weise Teilchen im Innern von absorbierenden Medien anzuregen.

Der Absorptionskoeffizient der Zweiphotonenabsorption bei der Frequenz ω_2 bei Anwesenheit eines starken

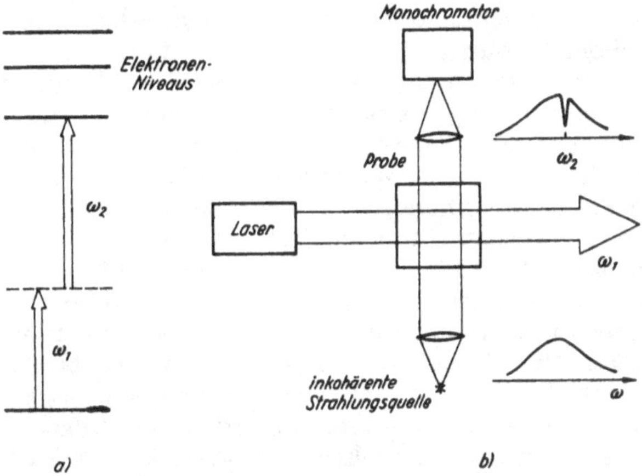

Abb. 53. Zweiphotonen-Absorptions-Spektroskopie:
a) Niveauschema des Zweiquantenübergänges;
b) Schema eines Zweiphotonen-Absorptions-Spektrometers

Feldes mit der Bestrahlungsstärke I_1 bei der Frequenz ω_1 ergibt sich aus dem Wirkungsquerschnitt der Zweiphotonenabsorption $\sigma^{(2)}$:

$$\varkappa^{(2)}(\omega_2) = \sigma^{(2)} I_1(\omega_1)\, N_0 \tag{7.1}$$

mit N_0 als Dichte der absorbierenden Teilchen. Typische Werte für den Wirkungsquerschnitt liegen in der Größenordnung von $\sigma^{(2)} \approx 10^{-48} \ldots 10^{-50}$ cm^{4}s. Folglich benötigt man für eine merkliche Absorption in kondensierter Materie Photonenstromdichten bei einer der Frequenzen von $10^{25} \ldots 10^{27}$ Photonen/cm^{2}s, das heißt Bestrahlungsstärken in der Größenordnung von $10^6 \ldots 10^8$ W/cm^2. Die Strahlung bei der zweiten Frequenz kann schwächer sein, zum Beispiel die einer gewöhnlichen Lichtquelle.

Für den Nachweis der Zweiphotonenabsorption werden verschiedene Methoden verwendet. Bei der Absorptionsmethode, deren Schema in der Abbildung 53b dargestellt ist, wird außer einer starken monochromatischen Strahlung bei der Frequenz ω_1 eine Strahlung mit einem kontinuierlichen Spektrum auf die Probe geschickt. Dann erscheint bei der Frequenz ω_2, die einem resonanten Zweiquantenübergang entspricht, im Kontinuum eine Absorptionslinie. In dieser Weise wurden die ersten systematischen Untersuchungen auf dem Gebiete der Zweiquantenspektroskopie durchgeführt [193]. Bei der Lumineszenzmethode wird außer dem starken Feld bei der Frequenz ω_1 auch eine hinreichend starke Strahlung bei einer zweiten abstimmbaren Frequenz ω_2 auf die Probe geschickt. Die Zweiphotonenabsorption wird als Abhängigkeit der Lumineszenz von der Frequenz ω_2 gemessen. Man kann die Anordnung etwas vereinfachen, indem man nur eine hinreichend intensive Welle mit abstimmbarer Frequenz ($\omega_1 = \omega_2$), zum Beispiel die eines Farbstofflasers, verwendet. Auf diese Weise wurden Absorptionsspektren von Anthrazen, gelöst in Cyclohexan, im Wellenlängengebiet von 720 ... 760 nm [194] erhalten. Neben der Lumineszenzmethode werden bei der Messung der Zweiphotonenabsorption in Kristallen auch die Photoleitfähigkeit, die beim inneren Zweiquantenphotoeffekt entsteht, ausgenutzt.

Die Zweiquantenabsorption hängt in kondensierter Materie nicht von der gegenseitigen Orientierung der Richtung der Lichtwellen ω_1 und ω_2 ab (hierin liegt der wesentliche Unterschied zur Zweiphotonenabsorption in Gasen). Die Zweiphotonenabsorption hängt jedoch in starkem Maße von der Polarisation der Lichtwellen ab. Diese Abhängigkeit unterscheidet sich stark von der

Polarisationsabhängigkeit der Einphotonenabsorption, sie ist sogar in isotropen Medien sehr wesentlich. Die Polarisationsabhängigkeit ist auch für die Spektroskopie von großem Interesse, da man dadurch eine Information über die Symmetrie der Quantenzustände erhalten kann, die am Akt des Zweiquantenüberganges beteiligt sind. Ausführliche Informationen über diese und viele andere Besonderheiten der Zweiquanten-Absorptions-Spektroskopie sowie über konkrete Ergebnisse für verschiedene Stoffe kann der Leser in den Übersichtsartikeln [195, 196] finden.

Die Methoden der Zweiphotonen-Absorptions-Spektroskopie sind im Unterschied zu einer Reihe anderer Methoden der Laserspektroskopie noch nicht über den Rahmen der Erforschung hinaus gekommen. Viele Methoden der Zweiphotonenspektroskopie sind noch nicht vollkommen bearbeitet. So ist es zum Beispiel recht kompliziert, die absolute Größe des Wirkungsquerschnittes der Zweiquantenabsorption zu messen, da diese Messungen sehr empfindlich gegenüber räumlichen und zeitlichen Inhomogenitäten der Laserstrahlung sind. Es sei bemerkt, daß handhabbare und genaue Methoden für diese Messungen in den Arbeiten [197] vorgeschlagen worden sind. Da der Koeffizient der Zweiphotonenabsorption sehr klein ist, ist es recht schwer, die Methode bei Teilchen anzuwenden, die nur in geringer Konzentration vorhanden sind ($< 10^{20}$ cm^{-3}). Diese Schwierigkeit kann man umgehen, wenn man zur Beobachtung schwacher Absorptionslinien die Methode der Intra-Cavity-Spektroskopie, die in Abschnitt 3.3. beschrieben worden ist, verwendet. Der Aufbau eines solchen Experimentes, welches erstmalig in der Arbeit [198] durchgeführt worden ist, ist dem Aufbau des Experimentes zum Nachweis schwacher Linien der inversen Raman-Streuung ähnlich, der in Abschnitt 5.2. beschrieben worden ist. Die zu untersuchende Substanz wird im Inneren eines Farbstofflaserresonators untergebracht, der in einem weiten Frequenzbereich emittiert. Die Substanz wird gleichzeitig mit einer starken

Strahlung bei der Frequenz ω_1 bestrahlt, die von einem Laser kommt, der auch den Farbstofflaser pumpt. Die Linie der Zweiphotonenabsorption ω_2, die in das Verstärkungsband des Farbstofflasers fällt, bewirkt eine selektive Löschung der Strahlungserzeugung auf einem schmalen Frequenzgebiet, welches leicht nachzuweisen ist. Es ist abzusehen, daß die weitere Entwicklung von Lasern mit abstimmbarer Frequenz sowie von Methoden zum Nachweis schwacher Absorptionslinien zur breiteren Anwendung der Zweiphotonenabsorption in der Spektroskopie kondensierter Medien und zur Ausnutzung ihrer spezifischen Möglichkeiten führen wird, insbesondere wegen der Möglichkeit, Niveaus von Teilchen zu untersuchen, die sich innerhalb der Absorptionsbande der Wirtsmatrix befinden und mit den Methoden der Einphotonenspektroskopie deshalb nicht zugänglich sind.

8. Die Spektroskopie angeregter Zustände

Mit der Laserstrahlung kann man einen bestimmten Elektronenzustand eines Atoms oder auch einen bestimmten Schwingungs-Rotationszustand eines Elektronenzustandes von einem Molekül anregen und danach die Relaxationszeit ermitteln, die Wege, über die diese Relaxation des angeregten Zustandes in den Grundzustand erfolgt, verfolgen sowie Quantenübergänge aus diesen angeregten Niveaus in höher gelegenen Zuständen beobachten. Erst nach Einsatz der Laserstrahlung entwickelten sich Methoden für die systematische Untersuchung angeregter Zustände von Atomen und besonders von Molekülen. Mit der Erzeugung ultrakurzer Lichtimpulse, deren Impulsdauer bis herab zu 10^{-12} s liegen kann, ist den Experimentatoren ein sehr effektives Werkzeug für die direkte Untersuchung ultrakurzer molekularer Prozesse mit einer Auflösung im Picosekundenbereich, über die noch vor wenigen Jahren nur Hypothesen aufgestellt worden sind, in die Hand gegeben. Die Spektroskopie angeregter Zustände von Atomen und Molekülen ist ein sich schnell entwickelnder Zweig in der Laserspektroskopie, der sehr enge Beziehungen zu den Problemen der selektiven Wechselwirkung von Laserstrahlung mit der Materie hat, insbesondere zur Isotopentrennung mit Hilfe von Lasern. Eine Information über die Relaxationsprozesse aus den angeregten Zuständen von Molekülen ist von außerordentlichem Interesse für die Chemie und die Biologie. Man kann deshalb schon jetzt eine stürmische Entwicklung für die Spektroskopie der angeregten Zustände von Atomen und Molekülen absehen. Das im folgenden Dargelegte ist eine Illustration der großen Möglichkeiten dieser Richtung der Laserspektroskopie.

8.1. Selektiv angeregte Atome

Unter Anwendung der Strahlung von frequenzabstimmbaren Lasern kann man einen erheblichen Teil der Atome aus dem Grundzustand in höhergelegene Zustände anregen. Die dazu notwendige Strahlungsleistung wird durch die Sättigungsleistung (vgl. den Ausdruck (3.2.)) bestimmt. Eine typische Größe für den Querschnitt des Strahlungsüberganges ist etwa $\sigma = 10^{-11}$ cm^2, während die Zeit für die Strahlungsrelaxation bei etwa 10^{-8} s liegt. Deshalb bewegt sich die Sättigungsleistung für erlaubte Atomübergänge in der Größe von 1 bis 10 W/cm^2, welche mit Sicherheit mit Hilfe von gepulsten Lasern erreicht wird und sogar mit kontinuierlichen Farbstofflasern erreicht werden kann. Mit Hilfe von Farbstofflasern sind schon die ersten erfolgreichen und systematischen Experimente zur Messung von Lebensdauern der Niveaus, von Absorptionen aus angeregten Zuständen, von Zweistufenanregungen höhergelegener Zustände und anderem mehr durchgeführt worden. Für die Untersuchungen der höhergelegenen Zustände von Atomen mit all den Methoden, die für die Untersuchung von Atomen im Grundzustand und im ersten angeregten Zustand entwickelt worden sind, darunter auch die Methoden der Radiospektroskopie, der Level-Crossing-Spektroskopie, der Quantenschwebung, des HANLE-Effektes und andere, zeichnen sich Möglichkeiten ab.

Messung der Lebensdauern von Niveaus. Die Messung von Lebensdauern von Atomniveaus bezüglich des Strahlungszerfalls in untere Zustände liefert die absolute Oszillatorstärke. Für viele Elemente, besonders die schwereren, sind nur Relativmessungen der Oszillatorstärke bekannt, während die absoluten Werte nur mit einer Genauigkeit der Größe selbst bekannt sind. Die Messung der Lebensdauer von Niveaus in Atomzuständen ist jedoch von bedeutendem Interesse für die Astrophysik, da man mit dieser Kenntnis wesentlich genauer die Zusammensetzung der Elemente in der Atmosphäre der Sonne und der Sterne bestimmen kann. Mit der Laserstrahlung kann man ein beliebiges vorgegebenes Niveau in der Feinstruktur eines Atoms anregen, welches im Energieintervall von 1 bis 3 ... 4 eV liegt, und mit zwei aufeinanderfolgenden Anregungsakten kann man Niveaus mit einer Energie von 6 eV bis 8 eV anregen.

Als Beispiel einer erfolgreichen Anwendung des Lasers bei der genauen Bestimmung der Lebensdauer von Niveaus innerhalb der Feinstruktur kann man ein Experiment mit dem Fe—I-Atom [199] anführen. Mit der Strahlung eines Farbstofflasers bei der Wellenlänge $\lambda = 3680$ Å werden verschiedene Niveaus des Multipletts $3\,d^6 4\,s(a^6D)\,4\,pz^5D^0$ und mit der Wellenlänge $\lambda = 3770$ Å Niveaus des Multipletts $3\,d^7(a^4F)\,4py^5F^0$ angeregt. Dann wird der exponentielle Strahlungsabfall aus diesen Niveaus bei den Übergängen $z^5D^0_{j'} \to a^5D_j$ und $y^5F_{j'} \to a^5F_j$ beobachtet. Dabei wurden folgende Werte für die Lebensdauer der Multiplett-Niveaus ermittelt: (90 ± 5) ns für $z^5D_j^0$ und $(8 \pm 0{,}3)$ ns für $y^5F_j^0$. In den Experimenten wurde ein Atomstrahl aus Eisenatomen verwendet, der beim Aufheizen des Eisens durch Elektronenbeschuß erhalten wurde. Diese Experimentiertechnik ist hinreichend universell und läßt sich bei einer Vielzahl von Elementen des Periodensystems anwenden.

Absorption aus dem angeregten Zustand. Die Atomabsorptionsspektren werden gewöhnlich zur Vermessung von Gliedern höherer Ordnung in Serien und Selbstionisationsniveaus verwendet. Die selektive Laseranregung von Atomniveaus liefert die Voraussetzung für eine wesentliche Erweiterung der Möglichkeiten dieser Methode, indem man sie für Übergänge aus angeregten Zuständen heranzieht. Diese Variante wurde sehr erfolgreich in den Arbeiten [200, 201] angewendet, in denen die Atome Ba I und Mg I untersucht wurden. Das Experiment besteht in der Anregung eines bestimmten Atomniveaus ($6\,s\,6\,p\,{}^1P_1{}^0$ Ba I oder $3\,s\,3\,p\,{}^1P_1{}^0$ Mg I) und der Beobachtung des Absorptionsspektrums durch Verwendung eines Synchronimpulses mit breitem Strahlungsspektrum. Als Impulslichtquelle für die Strahlung mit breitem Spektrum kann zum Beispiel die spontane Fluoreszenz eines Farbstoffes, die mit demselben Laser angeregt wird, der auch den frequenzabstimmbaren Farbstofflaser pumpt, verwendet werden. Ein Beispiel für die experimentellen Ergebnisse, die mit dieser Methode am Atom Ba I erhalten worden sind, sind in Abbildung 54 dargestellt. Sehr ausgeprägt sind die Absorptionslinien mit der Hauptquantenzahl bis zu $n = 41$ und die Störung der Linien aus der Serie mit $n = 25, 27$ durch den Term $5\,d\,7\,d\,{}^1D_2$. Auch diese Meßmethodik ist hinreichend allgemein und bei vielen Atomen anwendbar. Besonders soll auf die Bedeutung dieser Methode für die Ermittlung von Selbstionisationsniveaus hingewiesen werden. Diese Niveaus sind für die selektive Ionisation von Atomen mit Hilfe von Laserstrahlung von besonderem Interesse, da der Querschnitt der resonanten Photoionisation über ein Selbstionisationsniveau um drei bis vier Größenordnungen höher liegt als der Querschnitt der nichtresonanten Photoionisation im Kontinuum.

Anregung hochgelegener Zustände. Die systematische Untersuchung von hochgelegenen Zuständen sogar der

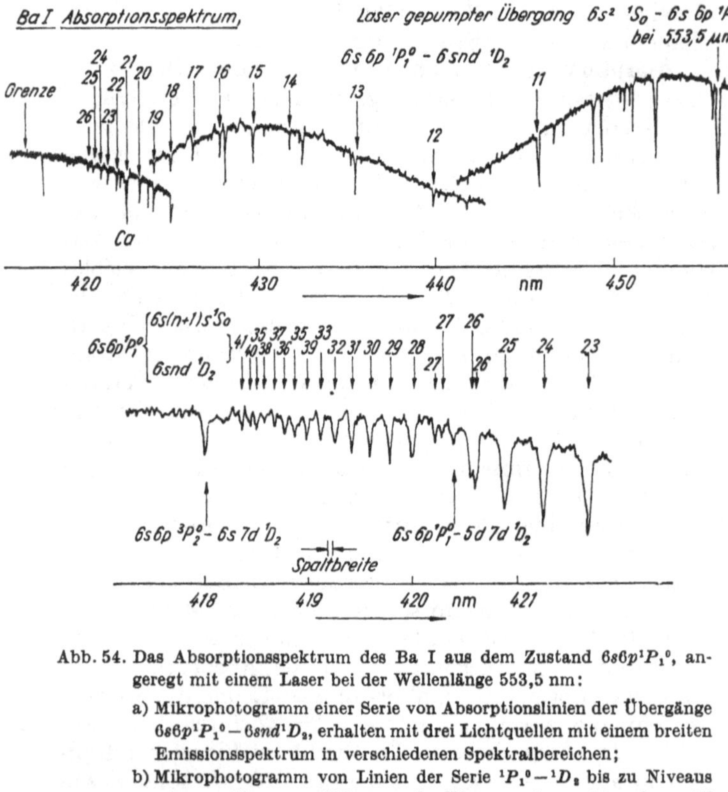

Abb. 54. Das Absorptionsspektrum des Ba I aus dem Zustand $6s6p\,^1P_1{}^0$, angeregt mit einem Laser bei der Wellenlänge 553,5 nm:

a) Mikrophotogramm einer Serie von Absorptionslinien der Übergänge $6s6p\,^1P_1{}^0 - 6snd\,^1D_2$, erhalten mit drei Lichtquellen mit einem breiten Emissionsspektrum in verschiedenen Spektralbereichen;

b) Mikrophotogramm von Linien der Serie $^1P_1{}^0 - {}^1D_2$ bis zu Niveaus mit $n = 41$, woraus Störungen der Niveaus mit $n = 26$ und $n = 27$ durch den Term $5d7d\,^1D_2$ sichtbar werden [201]

einfachsten Alkaliatome mit einem Leucht-Elektron ist auf Grund der Kompliziertheit ihrer Anregung sehr erschwert. So stellt die Anregung der S-Niveaus zum Beispiel ein ernsthaftes Problem dar, da man sie nicht unmittelbar durch Strahlung aus dem Grundzustand anregen kann. Eine selektive Anregung durch Resonanzstrahlung oder Laserstrahlung der Atome in einen

Zwischenzustand und nachfolgende selektive Anregung mit Hilfe eines frequenzabstimmbaren Lasers von höhergelegenen Zuständen löst diese Problematik fast vollständig. Auf diese Weise werden fast beliebige Atomniveaus für die Untersuchung zugänglich. Das größte Interesse liegt zur Zeit auf dem Gebiete der Untersuchung der einfachsten Alkaliatome bezüglich ihrer Struktur, da man bei diesen die umfassendsten theoretischen Interpretationen vornehmen kann.

Das Experiment besteht meistens in der Anregung der Atome in höhergelegene *S*- und *D*-Zustände mit $n \gg 1$ mittels Strahlung frequenzabstimmbarer Farbstofflaser aus dem ersten angeregten Zustand, der selbst durch die Strahlung eines anderen Farbstofflasers besetzt wird (in einigen Fällen auch mit der Strahlung einer Spektrallampe). Auf diese Weise wurden mit den höherliegenden angeregten Zuständen der Alkaliatome folgende Arten von Experimenten erfolgreich durchgeführt:

1. Untersuchung des Level-Crossing-Effektes sowie des HANLE-Effektes in schwachen äußeren Magnetfeldern [202]. Daraus ergeben sich Werte der Hyperfeinaufspaltung und des *g*-Faktors der Energiezustände.

2. Selbstionisation in schwachen äußeren elektrischen Feldern [203, 204]. Dadurch ergeben sich Möglichkeiten zur wesentlichen Erhöhung des Wirkungsquerschnittes der selektiven Photoionisation von Atomen durch Laserstrahlung.

3. Quantenschwebungen der Intensität spontaner Strahlung aus hochangeregten Zuständen [205, 206]. Dadurch ergeben sich Beiträge zur Aufklärung der Feinstruktur solcher Niveaus, die durch die DOPPLER-Verbreiterung überdeckt sind.

4. Energieübertragung zwischen hochliegenden Zuständen mit verschiedenen Winkelmomenten [207]. Der Radius eines Atoms, das in einen Zustand mit $n \gg 1$ angeregt worden ist, wächst proportional mit n^2. Deshalb haben Zustände mit einem $n \gg 1$ einen überaus großen Querschnitt für Stöße.

8.2. Selektive Anregung von Molekülen

Durch selektive Anregung von Zuständen kann man an Molekülen die Geschwindigkeiten der Energieübertragung von chemischen Reaktionen angeregter Moleküle sowie von strahlungslosen Übergängen im Molekül ermitteln. Die Kenntnis der Prozeßgeschwindigkeiten unter Beteiligung von Molekülen in einem bestimmten Rotations-, Schwingungs- und Elektronenzustand ist für das Verständnis von Elementarprozessen der chemischen Reaktionskinetik äußerst wichtig. Ein angeregtes Molekül besitzt eine erhöhte Reaktionsfähigkeit, und deshalb ist die selektive Anregung von Molekülen ein wichtiges Stadium bei der Verwirklichung selektiver chemischer Reaktionen unter der Wirkung von Laserstrahlung, unter anderem auch bei der Isotopentrennung mit Hilfe von Lasern. Bei Molekülen muß man die selektive Anregung von Schwingungsniveaus im infraroten Spektralbereich der Laser von der selektiven Anregung der Elektronenzustände, die man mit Lasern im sichtbaren und im ultravioletten Spektralbereich ermöglichen kann, unterscheiden.

Schwingungsanregung. Am verbreitetsten ist die Anwendung des Lasers bei der Untersuchung der Raten für die Energieübertragung und die Relaxation der Schwingungsenergie der Moleküle. Eine große Zahl von Prozessen wurde untersucht, die unter anderem die Energieübertragung von einer Schwingung auf eine andere (V → V) und die Übertragung der Energie von einer Schwingung in Translations- oder Rotationsenergie (V → T, R) [208] beinhalten. Die Prozesse der Energieübertragung spielen eine wichtige Rolle in der Kinetik und den Mechanismen der chemischen Reaktionen, unter anderem für das Verständnis von Nichtgleichgewichtszuständen, die in der oberen Atmosphäre, in Stoßwellen, bei der Verbrennung sowie in elektrischen Entladungen entstehen.

Zur Messung der Prozeßgeschwindigkeiten V → V und V → T, R wird üblicherweise die Floureszenzmethode gewählt [11]. Bei dieser Methode regt ein Impulslaser die Moleküle aus dem Schwingungsgrundzustand ($v = 0$) in den ersten angeregten Zustand ($v = 1$) an. Die Konzentration der Moleküle im angeregten Zustand wird aus der Fluoreszenz im Infrarot ermittelt, die den Prozeß $v = 1 \rightarrow v = 0$ begleitet. Durch Zusatz verschiedener Atom- und Molekülbeimengungen kann man deren Einfluß auf die Relaxationsgeschwindigkeit des angeregten Zustandes ermitteln. Falls im Verlaufe des Relaxationsprozesses eine Anregung höherer Niveaus erfolgt, so kann man deren Besetzung an Hand der Fluoreszenzen im Infrarot bei anderen Wellenlängen ermitteln.

Laser mit abstimmbarer Frequenz bei Absorptionslinien von Obertönen der Molekülschwingungen geben die Möglichkeit, unmittelbar höhere Schwingungsniveaus anzuregen. Auf diese Weise wurde die Anregung des Niveaus $v = 3$ des Moleküls HCl mit einem Laser der Wellenlänge $\lambda = 1{,}19\ \mu m$ [209] und des Niveaus $v = 2$ des gleichen Moleküls mit der Strahlung eines parametrischen Generators bei der Wellenlänge $\lambda = 1{,}75\ \mu m$ [210] erreicht. Diese Anregungsart ist sehr günstig zur Untersuchung von Prozessen der Art V → V, des Schwingungsaustausches, im Molekül vom Typ

$$\mathrm{HCl}\ (v = 2) + \mathrm{HCl}\ (v = 0) \rightarrow 2\ \mathrm{HCl}\ (v = 1). \qquad (8.1)$$

Für den Prozeß (8.1) zum Beispiel wurde ein Wert für die Geschwindigkeit von $k = 1{,}0 \cdot 10^5\ \mathrm{s^{-1}\ Torr^{-1}}$ [210] ermittelt.

Nachteile der Methode der Fluoreszenz im Infrarot sind die Notwendigkeit der Verwendung äußerst empfindlicher Empfänger im Infrarot sowie die Untauglichkeit dieser Methode bei Molekülen mit sehr geringer Fluoreszenzquantenausbeute. In diesen Fällen ist es zweckmäßig, die Methode der IR—UV-Doppelresonanz anzuwenden [211], in der der Schwingungszustand des Moleküls mit Hilfe der Absorption einer Probestrahlung im UV-Gebiet und des darauf folgenden Überganges in einen angeregten Elektronenzustand untersucht wird. Diese Methode wurde unter anderem zur eingehenden Untersuchung der Relaxationsprozesse im Molekül NH_3 im Gemisch $^{14}NH_3 + {}^{15}NH_3$ bei den Untersuchungen angewandt, die zur ersten erfolgreichen Isotopentrennung mit der Methode der zweistufigen selektiven Photodissoziation der Moleküle mittels Laserstrahlung [212] führten. Die Strahlung eines gepulsten CO_2-Lasers, in dem eine Frequenzselektion durchgeführt wurde, regt das erste Schwingungsniveau des NH_3 an. Gleichzeitig wird die Probe mit einem kontinuierlichen Spektrum einer Strahlung im UV bei 2200 Å, die von einer Funkenentladung stammt, bestrahlt. Diese Funkenentladung wird durch den CO_2-Laser getriggert. Mit einem Monochromator wird die Änderung der Absorption im ultravioletten Spektralbereich bei den Wellenlängen gemessen, die einem Übergang aus dem angeregten Schwingungszustand des Elektronengrundzustandes in das untere Schwingungsniveau des ersten angeregten Elektronenzustandes entsprechen ($\tilde{X}, v'' = 1 \rightarrow \tilde{A}, v = 0$). In Abbildung 55 ist ein Beispiel einer experimentellen Beobachtung der Besetzungskinetik des ersten Schwingungsniveaus des NH_3 unter der Einwirkung eines Impulses hoher Leistung von einem CO_2-Laser dargestellt, an Hand dessen man zwei Anregungsmechanismen sehr leicht unterscheiden kann: Die Laseranregung und die thermische Anregung, die auf Grund der Erwärmung des Gases infolge der Strahlungsabsorption erfolgt. Mit dieser Methode kann man mit hinreichend hoher Zeitauflösung (Größenordnung 10^{-8} s) die Kinetik der Schwingungs-Translations-Relaxation (V — T) und den V — V-Austausch in Isotopengemischen untersuchen. So wurde für das Molekül NH_3 gefunden, daß die Geschwindigkeit des V — V-Austauschprozesses in der ν_2-Mode zwischen den Molekülen $^{14}NH_3$ und $^{15}NH_3$ fast genau so groß ist wie die Geschwindigkeit der V—T-Relaxation, die sich für Ammoniak als sehr hoch herausgestellt hat: $T_{V-T} = 1{,}44 \cdot 10^{-6}$ s · Torr. Diese Methode ist am besten für Moleküle geeignet, die im UV eine scharfe Absorptionskante haben, bei der man für schwingungsangeregte Moleküle eine Verschiebung zu langen Wellen hin sehr gut beobachten kann.

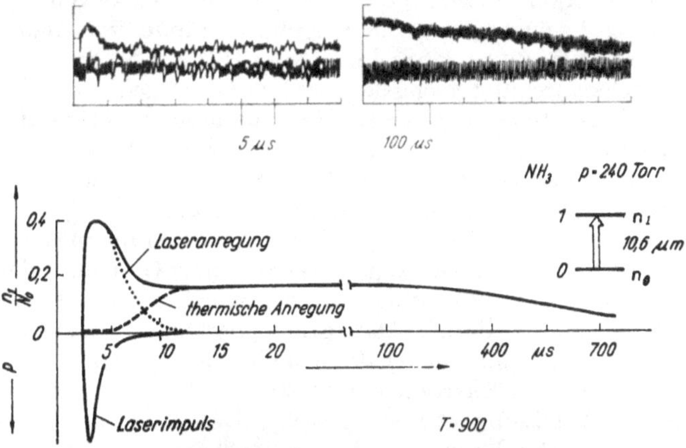

Abb. 55. Zeitlicher Verlauf der Besetzung des ersten Schwingungsniveaus des NH_3 unter der Einwirkung der Strahlung von CO_2-Laser-Impulsen (n_1 und n_0 sind die Besetzungen des ersten angeregten und des Schwingungsgrundzustandes), nachgewiesen mit der Methode der IR–UV-Doppelresonanz

Besondere Aufmerksamkeit verdienen die vor kurzer Zeit entwickelten Möglichkeiten zur Untersuchung hochangeregter Schwingungszustände in vielatomigen Molekülen. In den Arbeiten [214, 215] wurde die Erscheinung der selektiven Isotopiedissoziation von Molekülen im resonanten Feld eines Lasers mit infraroter Strahlung bei einer Leistung von 10^8 bis 10^9 W/cm^2 entdeckt (am Molekül BCl_3 [214], am Molekül SF_6 [215] und anderen). Diese Erscheinung erregte sofort die Aufmerksamkeit einer Vielzahl von Laboratorien, da sie eine Möglichkeit eröffnet, technologisch relativ einfache Methoden zur Isotopentrennung bei vielen Elementen mit Hilfe billiger und einfach zugänglicher Strahlung von gepulsten CO_2-Lasern zu entwickeln. Außerdem erhielt man mit dieser Erscheinung zum ersten Mal eine Methode zur Untersuchung der Mehrquantenresonanzabsorption in Schwingungsübergängen von Molekülen sowie der selektiven Anregung hochgelegener Schwingungszustände von Molekülen. Unlängst wurde in der Arbeit [216] eine Nichtgleichgewichtsanregung hochgelegener Schwingungsniveaus des Moleküls OsO_4 nach einer Mehrquantenabsorption der Strahlung eines CO_2-Lasers bei 10,6 μm direkt beobachtet. Zum Nachweis wurde die oben erwähnte Methode der Zweiquanten-IR-UV-Resonanz verwendet.

In Abbildung 56a ist das Schema des Anregungsprozesses für die Schwingung ν_3 des Moleküls OsO_4 und der Nachweis der Besetzung der Schwingungsniveaus der Mode ν_1 durch die UV-Absorption (die Mode ν_3 erscheint im UV-Spektrum nicht) dargestellt. Der Deformationscharakter der Elektronenabsorptionsbande v', $\tilde{A} \leftarrow v''$, $\tilde{X}$ ist in Abbildung 56b dargestellt. Dabei ist eine Verschiebung der Kante der Absorptionsbande in das langwelligere Gebiet zu beobachten, die wesentlich von der Bestrahlungsstärke der CO_2-Laser-Strahlung abhängt. Die Deformation der Bande entspricht einer Nichtgleichgewichtsbesetzung der oberen Schwingungsniveaus, die Kinetik der Niveaubesetzung kann an Hand der Form des Impulses der UV-Absorption beobachtet werden. Eine Veränderung des Spektrums auf Grund der Absorption zwischen Elektronenniveaus erfolgt nur nach dem entsprechenden V—V-Austausch der Anregung zwischen den Schwingungsmoden ν_3 und ν_1, ν_2, ν_4. Aus der Unabhängigkeit der Impulsform der Elektronenabsorption von der Wellenlänge der UV-Strahlung wurde in der Arbeit [213] der Schluß gezogen, daß sofort die hochgelegenen Schwingungsniveaus besetzt werden. Die maximal gemessene Verschiebung der roten Grenze der Absorptionsbande betrug $\Delta\nu_v = 10^4$ cm^{-1}, was beweist, daß nach dem V—V-Austausch die Niveaus $v''(\nu_1) \approx \Delta\nu_v/$

$\nu_{Laser} \approx 10$ besetzt werden. Daraus folgt aber, daß die Mehrphotonenabsorption der IR-Strahlung des Lasers die Schwingungsniveaus der Bande ν_3 mit einer Energie, die einige Male größer ist als $\hbar\omega_1 v''(\nu_1) \approx 1$ eV, bevölkert.

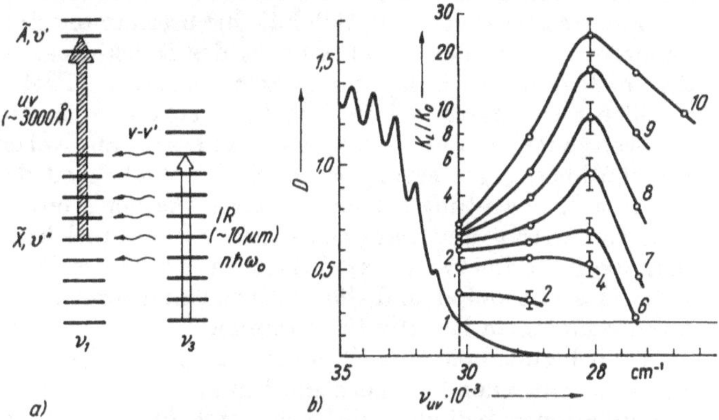

Abb. 56. Direkte Beobachtung von hochangeregten Schwingungsniveaus des Moleküls OsO_4:

a) Schema der Übergänge, die an der IR-Mehrphotonen-Anregung und der UV-Absorption beteiligt sind;

b) Veränderungen im Elektronenabsorptionsspektrum bei verschiedenen Bestrahlungsstärken der CO_2-Laser-Strahlung (die Zahlen an den Kurven entsprechen MW/cm², D ist die optische Dichte, K_L der Absorptionskoeffizient bei der Anregung durch Laserstrahlung, K_0 der ohne Anregung) (nach Daten aus [216])

Das Zusammenwirken des Effektes der Mehrquantenanregung von Molekülschwingungen mit der Methode für die Untersuchung dieser Zustände infolge der Anregung an Hand der Änderung der UV-Spektren bildet die Grundlage für eine aussichtsreiche Richtung der Spektroskopie — die früher nicht vorgenommene Untersuchung hochangeregter Schwingungsniveaus vielatomiger Moleküle.

Anregung von Elektronenzuständen. Die Anregung eines bestimmten (v, J)-Niveaus eines angeregten Elektronenzustandes eröffnet die Möglichkeit, die Prozesse der

V—V- und der V—T, R-Relaxation im angeregten Elektronenzustand sowie die Transformation der Elektronenanregung in die V, T, R-Freiheitsgrade zu untersuchen. Für Experimente dieser Art kommen eine Reihe schon erwähnter Methoden in Betracht: Die Beobachtung der Fluoreszenz angeregter Moleküle bei bestimmten Frequenzen, die detaillierte Betrachtung des Molekülzustandes im Prozeß der Relaxation durch zusätzliche Probestrahlen von Lasern bei Beobachtung entweder in Absorption oder in der Fluoreszenz und andere. Neben Standardmessungen ergibt sich auch die Möglichkeit der direkten Beobachtung solcher Prozesse wie der Konversion von Ortho- und Paramolekülen. Als Beispiel kann man die Experimente zur selektiven Anregung von Molekülen des Ortho-Jod und die Untersuchung ihrer selektiven chemischen Reaktivität anführen.

Wie bekannt, können sich homonukleare Moleküle mit nicht verschwindendem Kernspin I in zwei verschiedenen Modifikationen befinden, die sich durch die Parität des Gesamtspins des Kernes unterscheiden. Für Jodmoleküle (der Kernspin beträgt 5/2) besteht der Unterschied dieser Modifikationen, die Para- und Ortho-Jod genannt werden, darin, daß im energetischen Absorptionsspektrum der Moleküle, erhalten aus dem elektronischen Grundzustand, bei Para-Jod Zustände mit gerader Rotationsquantenzahl und umgekehrt bei Molekülen des Ortho-Jods solche mit ungerader Rotationsquantenzahl enthalten sind. Damit ist eine Möglichkeit für die selektive Anregung der Jod-Moleküle mit der Strahlung eines Argonlasers bei der Wellenlänge $\lambda = 5145$ Å geschaffen, die mit den Linien $P(13)$ und $R(15)$ des Bandes 43-0 des Elektronenüberganges $B^3\pi_{0+u} - x^1\Sigma^+g$ zusammenfällt und deshalb nur die Moleküle des Ortho-Jods anregt. Bei der Wellenlänge $\lambda = 5017$ Å wird die Linie $R(26)$ des Bandes 62-0 desselben Elektronenüberganges angeregt, das heißt nur die Moleküle des Para-Jods [217]. Wenn Jod im Gemisch mit Molekülen des 2-Hexans mit der Wellenlänge 5145 Å bestrahlt wird, so betätigen die selektiv angeregten Moleküle des Ortho-Jods eine chemische Reaktion, und im Gemisch bleibt das ungebundene Para-Jod zurück. Die Kinetik der Konzentrationsänderung des Para- und des Ortho-Jod kann man unabhängig voneinander beobachten, indem man die Fluoreszenzstärke dieser Anteile bei Bestrahlung mit den Wellenlängen 5145 Å und 5017 Å mißt. In Abbildung 57 sind die entsprechenden experi-

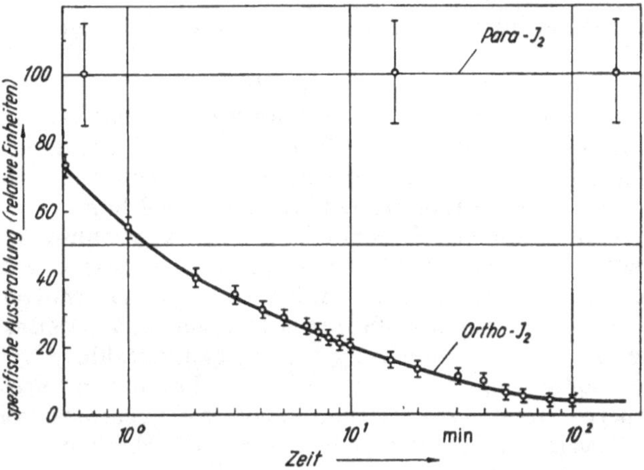

Abb. 57. Die zeitliche Abhängigkeit der Fluoreszenz in einem Gemisch aus Jod und 2-Hexan, welches durch die Strahlung eines Argonlasers bei den Linien 5145 Å (Ortho-Jod) und 5017 Å (Para-Jod) angeregt wird, die die selektive chemische Reaktion der Moleküle des Ortho-Jod demonstriert [217]

mentellen Abhängigkeiten dargestellt. Das Fluoreszenzsignal des Ortho-Jods, das der Molekül-Konzentration des Ortho-Jods proportional ist, fällt innerhalb von 5 Minuten auf den e-ten Teil ab und verringert sich dann langsam weiter bis zu einem konstanten Wert von 5% bis 6% des Ausgangswertes. Die Konzentration der Moleküle des Para-Jods bleibt praktisch konstant. Die gemessene Geschwindigkeit der chemischen Reaktion des Ortho-Jods mit dem 2-Hexan beträgt $2{,}5 \cdot 10^{-4}\ s^{-1}\ Torr^{-1}$. Die Restkonzentration an Ortho-Jod ist durch einen Umwandlungsprozeß der Moleküle des Para-Jods in Ortho-Jod zu erklären. Man kann also durch selektive Anregung eine selektive chemische Reaktion erreichen und die Kinetik dieser Reaktion kontinuierlich verfolgen.

8.3. Picosekundenspektroskopie angeregter Moleküle

Bis vor kurzer Zeit konnte man atomare und molekulare Prozesse nur mit einer Zeitauflösung von Nanosekunden vermessen, was durch die Trägheit sowohl der Lichtquellen wie auch der photoelektrischen Nachweiseinrichtungen für die Strahlung bedingt war. Eine hinreichend große Zahl wesentlich schnellerer Prozesse konnte mit direkten Methoden nicht gemessen, und die entsprechenden Daten konnten nur auf indirekte Weise ermittelt werden. In den letzten Jahren wurde eine äußerst effektive Methode zur Steuerung der Ausgangsstrahlung von Mehrmoden-Impuls-Lasern auf der Basis von Festkörpern erarbeitet, die Methode der Selbstsynchronisation der Phasen mit Hilfe von nichtlinearen Absorbern, mit der es gelingt, eine Ausgangsstrahlung dieser Laser zu erhalten, die die Form eines Impulszuges besitzt, wobei jeder Impuls eine Impulsdauer in der Größenordnung von 10^{-12} s bis 10^{-11} s bei einer Spitzenleistung von 10^8 W bis 10^9 W hat [218]. Besonderheiten des Erzeugungsmechanismus dieser ultrakurzen Impulse kann der Leser in den Arbeiten [219, 220] nachlesen. Außerdem ist eine Methode zur Untersuchung schnell ablaufender Prozesse, die auf dem Streak-Kamera-Prinzip in elektrooptischen Bildwandlern beruht, sehr weit entwickelt, so daß schon heute damit Vorgänge untersucht werden können, die eine Dauer von 10^{-12} bis 10^{-11} s haben [221]. Diese Ergebnisse bilden die experimentelle Basis für die Ausarbeitung einer Reihe von effektiven Methoden der Picosekundenspektroskopie, die sich zur Zeit sehr stürmisch entwickelt und schon Voraussetzungen für eine Reihe fundamentaler Experimente mit komplizierten Molekülen geschaffen hat.

In Abbildung 58 ist in vereinfachter Weise das Energieniveauschema eines typischen organischen Moleküls dar-

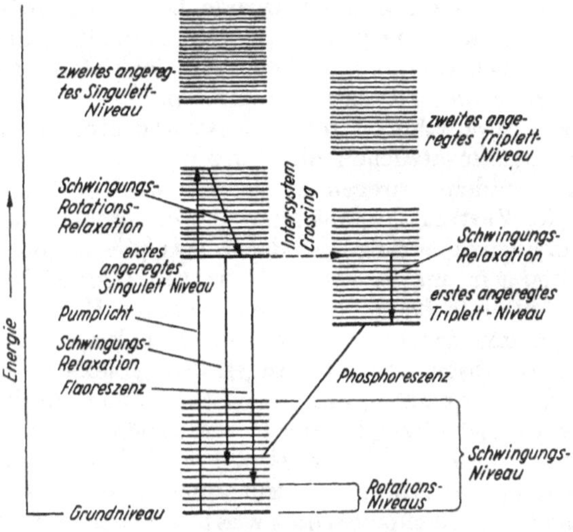

Abb. 58. Vereinfachtes Energieniveauschema eines typischen komplizierten organischen Moleküls und die Kanäle der Relaxation aus einem angeregten Elektronen-Schwingungs-Zustand

gestellt. Mit Hilfe eines ultrakurzen Laserlichtimpulses kann man einen erheblichen Teil der Moleküle aus dem Grundzustand in einen der angeregten Elektronen-Schwingungs-Zustände versetzen. In der Regel vollzieht das angeregte Molekül einen schnellen Schwingungsrelaxationsprozeß in die unteren Schwingungsniveaus des angeregten Elektronenzustandes. Von hier aus sind mehrere Konkurrenzprozesse möglich: Eine strahlungslose Relaxation in den Grundzustand, Fluoreszenz, ein

Übergang in das Triplettsystem, mit anschließender, jedoch wesentlich verzögerter Rückkehr in den Grundzustand. Der größte Teil dieser Relaxationsprozesse vollzieht sich bei komplizierten organischen Molekülen in Zeiten, die wesentlich kürzer sind als 10^{-9} s, und aus diesem Grunde hatte man bis vor ganz kurzer Zeit über ihre Geschwindigkeit nur orientierende Daten, die man aus indirekten Messungen erhielt. Die Methoden der Picosekundenspektroskopie eröffnen Möglichkeiten, die Geschwindigkeit dieser Prozesse zu messen.

Die Teststrahlmethode mit Picosekundenimpulsen. Mit Hilfe eines zusätzlichen ultrakurzen Lichtimpulses, der gegenüber dem anregenden Impuls verzögert ist, kann man den Zustand des Moleküls beim Pumpübergang, beim Fluoreszenzübergang auf der STOKES-Seite sowie beim Übergang in den nächsten angeregten Zustand beobachten. Am einfachsten stellt sich dabei die Beobachtung der Relaxationskinetik des aufgeschalteten Zustandes eines Absorptionsüberganges des Moleküls bei der Laserpumpfrequenz ω_1 dar. In diesem Falle wird die summarische Geschwindigkeit der Relaxationen des Moleküls in den Grundzustand gemessen. Praktisch wird das durch Abtasten der Absorption mit einem Probeimpuls gewährleistet, der dieselbe Frequenz hat und dem starken Impuls mit einer definierten regelbaren Verzögerung Δt folgt. Mit dieser Methode wurden zum Beispiel Relaxationszeiten von angeregten Elektronenzuständen von Farbstoffen, die in Picosekundenlasern verwendet werden, gemessen [222].

Die Zeit der Schwingungsrelaxation der Moleküle im angeregten Elektronenzustand kann man mit verschiedenen Methoden messen. Erstens kann man die Änderungsgeschwindigkeit der Verstärkung bei der Fluoreszenzfrequenz ω_2 messen. Die Verstärkung bei der Fluoreszenzfrequenz erscheint gegenüber dem Pumpimpuls $P_1(t)$ mit einiger Verzögerung, für die die Schwingungsrelaxation verantwortlich ist. Testet man die Verstärkung mit einem Probeimpuls $P_2(t)$, dessen Impulsdauer im Picosekundenbereich liegt, bei der Frequenz ω_2 (Abb. 59), dann kann man die Schwingungsrelaxationszeit messen. In Abbildung 59c ist eine solche experimentelle Abhängigkeit dargestellt, die in der Arbeit [223] am Molekül

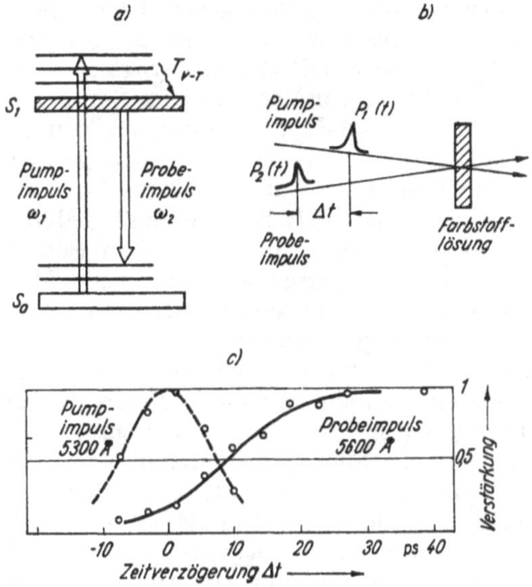

Abb. 59. Messung der Schwingungsrelaxationszeit T_{V-T} im angeregten Elektronenzustand eines Moleküls Rhodamin 6 G:

a) Niveauschema;
b) Nachweisschema;
c) Ergebnisse der Verstärkungsmessung des Probeimpulses

Rhodamin 6 G erhalten wurde. Die Hälfte der maximalen Verstärkung wird erst 8 ps nach dem Auftreffen des Maximums des Pumpimpulses erreicht, was direkt der Schwingungsrelaxationszeit im angeregten Elektronenzustand entspricht.

Eine ähnliche Information über die Schwingungsrelaxation der Moleküle von Laserfarbstoffen erhält man mit einer anderen Methode, mit der man die Abhängigkeit der spektralen Lage des Maximums ihrer Erzeugung von der Leistung des Laserfeldes, die sich im Laserprozeß ändert, mißt. Diese Untersuchung basiert auf der gleichzeitigen Messung der Entwicklung der Leistung sowie der spektralen Lage des Maximums der Lasertätigkeit mit einer Hochgeschwindigkeitsbildwandlerkamera (Streak-Kamera) [224]. Die Beobachtung von Vorgängen im Nanosekundenbereich lassen Geschwindigkeitsmessungen von Relaxationsprozessen im Picosekundenbereich im angeregten sowie im Grundzustand der Moleküle zu. Damit kann man in Übereinstimmung mit der in [225] entwickelten Modellvorstellung im Inneren eines kontinuierlichen Schwingungsspektrums eines komplizierten organischen Moleküls Besonderheiten des Auftretens von Molekülschwingungen verschiedenen Typs beobachten.

Schließlich kann man mit einem ultrakurzen Probeimpuls einer anderen Frequenz von einem angeregten Zustand einen höhergelegenen Molekülzustand anregen und dann zum Beispiel die Fluoreszenz, die infolge dieses Zweistufen-Anregungsprozesses erfolgt, als Funktion der zeitlichen Verzögerung der beiden Impulse gegeneinander untersuchen. Die Fluoreszenzintensität fällt ab, wenn der Abstand zwischen den beiden Impulsen größer ist als die Lebensdauer des Moleküls im angeregten Zwischenzustand. Auf diese Weise wurde die Geschwindigkeit der strahlungslosen Relaxation von Azulenmolekülen, die in einen Zustand zwischen dem ersten und dem zweiten Singulett-Niveau angeregt worden sind, gemessen ($T_1 = 7{,}5$ ps) [226].

Die Methode des optischen Kerr-Effektes. Ein linearpolarisiertes starkes Lichtfeld ruft eine Anisotropie des Brechungsindex des Mediums hervor, so daß die Brechungsindizes für Licht, welches parallel zum Polarisationsvektor des starken Lichtfeldes ($n_{\parallel}$), und für das, dessen Vektor senkrecht zu diesem steht ($n_{\perp}$), sich um die Größe Δn unterscheiden, wobei Δn dem Quadrat der

Feldstärke des starken Lichtfeldes $E(t)$ proportional ist. Diese Erscheinung, die man den optischen KERR-Effekt nennt, wurde in [227] beobachtet. Die Strahlungsdoppelbrechung entsteht dabei infolge der Orientierung der anisotropen Moleküle im elektrischen Feld der Lichtwelle und besitzt eine Trägheit von nur 10^{-13} s bis 10^{-12} s. Damit kann man einen ultraschnellen KERR-Verschluß bauen, der nicht durch das elektrische Feld eines von außen angelegten elektronischen Impulses gesteuert wird, sondern durch das elektrische Feld eines Lichtimpulses von ultrakurzer Dauer [228]. Der hauptsächliche Vorteil dieses KERR-Verschlusses ist die sehr geringe Öffnungszeit, die durch die Dauer des ultrakurzen Steuer-Lichtimpulses gegeben ist. Es ist verständlich, daß man ein solches „Optisches Tor" bei allen Frequenzen, bei denen das nichtlineare Medium transparent ist, verwenden kann, wobei man zum Öffnen immer einen Impuls nur ein und derselben Frequenz benötigt. Diese Eigenschaft ist besonders für die Picosekunden-Emissionsspektroskopie von besonderer Bedeutung. In Kombination mit Photovervielfachern hat der superschnelle optische KERR-Verschluß eine breite Anwendung bei der Messung von Fluoreszenzabklingzeiten komplizierter Moleküle im Picosekundenbereich gefunden, wobei diese Moleküle mit ultrakurzen Laserlichtimpulsen angeregt werden.

Die Anordnung eines solchen Experimentes ist in Abbildung 60 gezeigt. Ein Neodymglaslaser mit Phasensynchronisation strahlt Lichtimpulse bei der Wellenlänge von $\lambda = 1{,}06\ \mu$m mit einer Impulsdauer von 10 ps und einer Spitzenleistung von 10^9 W ab. Durch Frequenzverdopplung in einem KDP-Kristall werden Impulse bei der Wellenlänge $\lambda = 0{,}53\ \mu$m mit einer Impulsdauer von 8 ps und einer Spitzenleistung von 10^8 W erzeugt. Die Lichtimpulse der infraroten Strahlung durchlaufen eine veränderbare Verzögerungsstrecke (ein verschiebbares Dachkantprisma) in der Weise, daß ihre Ankunftszeit in der CS_2-Küvette geändert werden kann. Die grünen Lichtimpulse werden auf eine Probenküvette fokussiert, in der

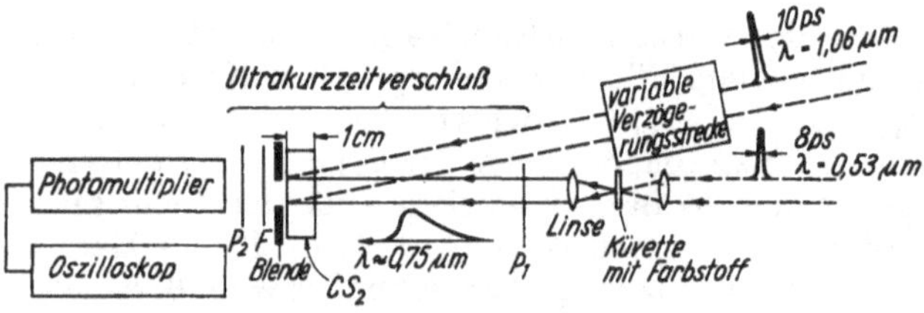

Abb. 60. Schema des experimentellen Aufbaues zur Messung der Fluoreszenzabklingzeit mit einer optischen KERR-Zelle, die mit einem Hochleistungs-Strahlungsimpuls mit einer Impulsdauer im Picosekundenbereich betrieben wird [220]

sich ein Farbstoff befindet, und regen dessen Fluoreszenz an. Die Fluoreszenzstrahlung bei $\lambda = 0{,}75\ \mu m$ wird in die CS_2-Küvette geschickt, die sich zwischen zwei gekreuzten Polarisatoren P_1 und P_2 befindet, und gelangt dann auf den Photodetektor. In Abbildung 61 sind typische Werte

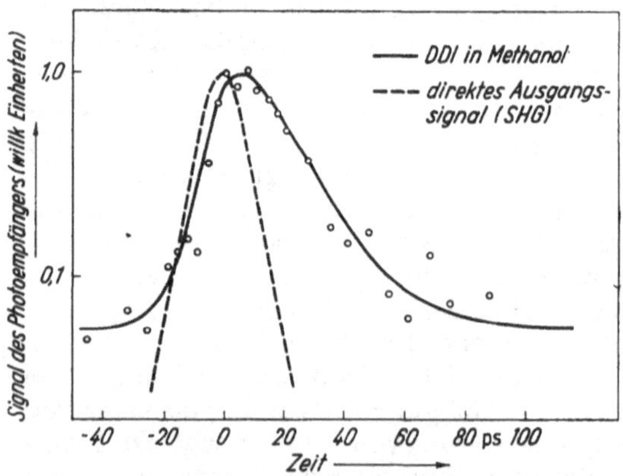

Abb. 61. Fluoreszenzabklingvorgang des Farbstoffes DDI, gelöst in Methanol ($\lambda = 0{,}75\ \mu m$), gemessen mit Hilfe einer optischen KERR-Zelle. Die gestrichelte Linie gibt den zeitlichen Verlauf der Transmission des Schalters wieder [229]

eines Experimentes mit einem solchen Farbstoff (DDI in Methanol) dargestellt. Hier ist auch die Apparatefunktion der Anlage angegeben, die ausweist, daß die Öffnungszeit des optischen Tores 10 ps beträgt. Die Fluoreszenzabklingzeit des Moleküls DDI in Methanol beträgt 14 $\pm$ 3 ps [229].

Der optische KERR-Effekt ist sehr effektiv und relativ einfach in seinem Aufbau beim Einsatz in der Picosekunden-Fluoreszenzspektroskopie. Er wurde erfolgreich bei der Bestimmung der Schwingungsrelaxation des Moleküls Eritrosin [230] und zur Vermessung der Fluoreszenzkinetik von „in-vivo"-Chlorophyll [231] eingesetzt.

Die Methode der Hochgeschwindigkeitsbildwandlerkamera. Bei dieser Methode dient der ultrakurze Laserlichtimpuls lediglich zur schnellen Anregung eines bestimmten Elektronen-Schwingungszustandes eines komplizierten Moleküls, während die zeitliche Auflösung im Picosekundenbereich durch eine schnelle elektro-optische Streak-Kamera gesichert wird, wobei der zeitliche Ablauf in der Kamera mit dem Lichtimpuls synchronisiert ist. Schnelle elektro-optische Bildwandlerkameras sind in einigen Ländern [221, 222] mit Auflösungszeiten von 10^{-12} s bis 10^{-11} s für Plasmauntersuchungen entwickelt worden und in den letzten Jahren in der Picosekundenspektroskopie hauptsächlich zur direkten Beobachtung der Kinetik des Fluoreszenzabklingens eingesetzt worden. Überzeugendstes Beispiel für den Einsatz dieser Methode ist die direkte Vermessung der Relaxation angeregter mehratomiger Moleküle, bei denen keine Stöße im Spiele sind, zu nennen. Bekanntlich zeigen theoretische Vorstellungen, daß große mehratomige Moleküle auch ohne Stöße strahlungslos relaxieren können. Als Beweis für diese Tatsache gilt die Beobachtung, daß komplizierte Moleküle, die in Niveaus, welche höher liegen als das erste Singulett-Niveau, angeregt werden, äußerst selten fluoreszieren. Da von diesen hochangeregten Zuständen keine Lichtstrahlung ausgeht, spricht man gewöhnlich davon, daß sie strahlungslos in den Grundzustand übergehen. Das bleibt auch für Moleküle in der Gasphase gültig [225, 233], was als Hauptargument des indirekten Beweises für die strahlungslose Relaxation angeregter komplizierter Moleküle gilt. In der Arbeit [234] ist es gelungen, die schnelle strahlungslose Relaxation im Picosekundenbereich zweier großer vielatomiger Moleküle (Perylen und Dimethyl-POPOP) in der Gasphase direkt zu beobachten. Die Anregung der Moleküle erfolgte mit der dritten Harmonischen (353 nm) ultrakurzer Lichtimpulse eines Neodymglaslasers, während die Fluoreszenz mit einer elektro-optischen Kamera mit einer Auflösung von 15 ps registriert wurde. Dabei wurde festgestellt, daß die Zeit der strahlungslosen Relaxation ohne Stöße in beiden Fällen kürzer als 30 ps ist. Diese Methode ist für den Experimentator ein wichtiges Hilfsmittel zur direkten Untersuchung intramolekularer Prozesse in komplizierten Molekülen, die in vieler Hinsicht noch problematisch und ungeklärt sind.

Die Methode der Raman-Streuung. Diese sehr effektive Methode der Picosekundenspektroskopie von Schwingungsniveaus von Molekülen im Elektronengrundzustand beruht auf der Anregung von Molekülschwingungen als Folge der stimulierten Raman-Streuung und der Beobachtung der angeregten Molekülschwingungen mittels Untersuchung der spontanen Raman-Streuung mit Hilfe eines zusätzlichen Laserimpulses. Das starke Feld eines ultrakurzen Impulses hoher Leistung wird an thermisch angeregten Molekülschwingungen im Medium gestreut. Die Laserwelle und die Stokes-Welle erzeugen neue Anregungszustände, die dadurch noch weiter anwachsen und zu weiterer Streuung Anlaß geben. Das Ergebnis ist ein exponentielles Anwachsen der Stokes-Welle und der Molekülschwingungen. Infolge der induzierten Raman-Streuung erfolgt erstens eine Besetzung der Schwingungsniveaus der Moleküle und zweitens die Bildung einer räumlich kohärenten Molekülschwingung im Medium. Die Besetzung der bei der induzierten Streuung angeregten Schwingungsniveaus relaxiert in den Gleichgewichtszustand in der Zeit T_1, während die kohärenten Molekülschwingungen innerhalb der Phasenabklingzeit der einzelnen Moleküle T_2 abklingen. Gewöhnlich ist die Zeit der transversalen Relaxation T_2 wesentlich kleiner als die Zeit der longitudinalen Relaxation T_1. Das bedeutet, daß die Besetzung des angeregten Zustandes im Medium auch noch nach der Zeit aufrechterhalten wird, in der die Moleküle ihre Phasenbeziehungen verloren haben.

Die angeregten Molekülschwingungen kann man mit einem zusätzlichen ultrakurzen Lichtimpuls untersuchen, der an diesen Molekülschwingungen eine RAMAN-Streuung erleidet und somit eine Streustrahlung bei der Anti-STOKES-Frequenz ω_{as} ergibt. Die kohärente Anti-STOKES-Streuung an den räumlich kohärenten Molekülschwingungen hat einen gerichteten Charakter. Diese kann man in einer Anordnung beobachten, wie sie in Abbildung 62a dargestellt ist. In diesem Fall kann man durch Beobachtung der Abhängigkeit der Intensität der kohärenten Anti-STOKES-Streuung von der Verzögerungszeit relativ zum ultrakurzen Laserlichtimpuls, der die Molekülschwingungen anregt, die Phasenabklingzeit der Schwingung messen. Um die Relaxationszeit der Besetzung der angeregten Schwingungsniveaus zu messen, muß man die ungerichtete nichtkohärente Streustrahlung bei der Anti-STOKES-Frequenz nachweisen. Eine Anordnung für diese Beobachtung ist in Abbildung 62b gegeben.

Eine systematische Untersuchung der Schwingungsrelaxationen von Molekülen mit dieser Methode wurde in den Arbeiten [235, 236, 237, 238] durchgeführt. Experimentelle Ergebnisse, die an dem Molekül CH_3CCl_3 erhalten worden sind, sind in der Abbildung 63 dargestellt. Die gesonderten Messungen der kohärenten und der inkohärenten Streustrahlung ergaben Werte für die Phasenabklingzeit T_2 und die Relaxationszeit der Schwingungsenergie T_1. Mit einer ähnlichen Methode konnte man die intra- und intermolekularen Kanäle des Zerfalls der

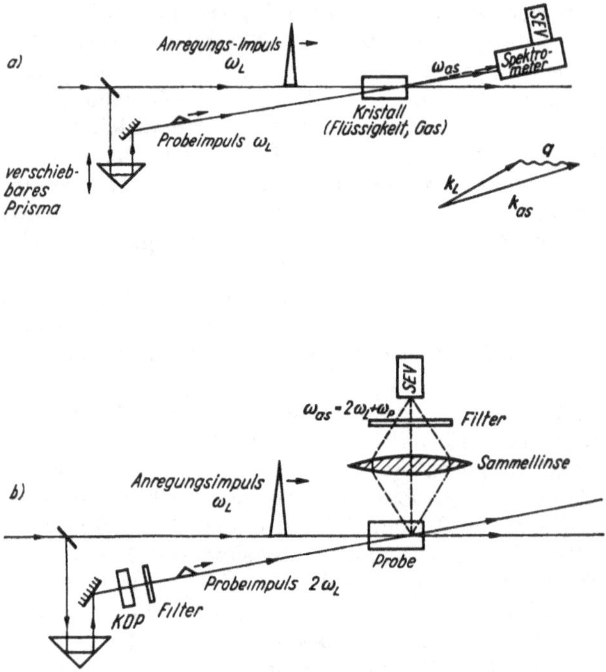

Abb. 62. Experimentelles Schema für die Picosekundenspektroskopie mit der Methode des induzierten RAMAN-Effektes:

a) Schema für die Messung der Phasenabklingzeit der Molekülschwingungen an Hand der kohärenten Streuung;

b) Schema für die Messung der Relaxation der Schwingungsenergie über die inkohärente Streuung

Schwingungsanregung verfolgen. So erfolgt zum Beispiel in den reinen Flüssigkeiten CH_3CCl_3 und C_2H_5OH die Schwingungsrelaxation bei 2900 cm^{-1} in der Hauptsache über den Zerfall in Schwingungen, die eine um den Faktor zwei kleinere Schwingungsenergie haben [236, 238]. Dieser Prozeß kann an Hand der Entstehung von inkohärenter Anti-STOKES-Streuung mit einer Frequenzverschiebung gegenüber der ursprünglichen Streufrequenz verfolgt werden. Auf ähnliche Weise wurde der Übertragungsmechanismus der Schwingungsenergie der Moleküle CH_3CCl_3 zu den Molekülen CD_3OD im Gemisch dieser beobachtet [236].

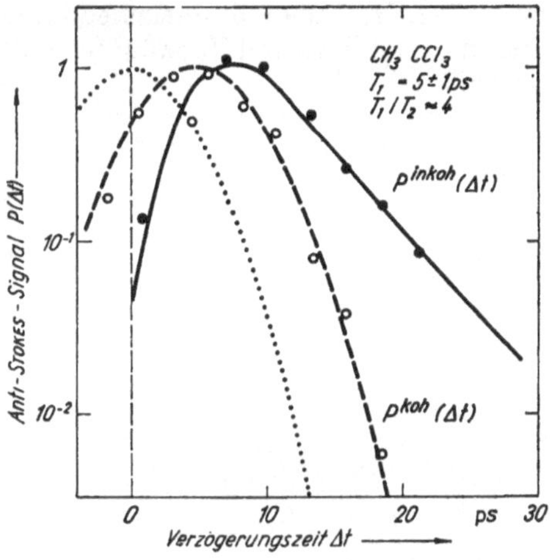

Abb. 63. Die spezifische Ausstrahlung der kohärenten und der inkohärenten Streuung der ultrakurzen Testimpulse in Abhängigkeit von der Verzögerungszeit Δt bei der Untersuchung symmetrischer Valenzschwingungen des CH_3 bei 2900 cm^{-1} im Molekül CH_3CCl_3 [236]

Die Methode der Raman-Streuung mit ultrakurzen Laserlichtimpulsen ist zum direkten Nachweis der Relaxation von Elementaranregungen in festen Körpern (optische Phononen, [237], Polaritonen und andere) anwendbar. Zur Messung von Relaxationen aus Anregungszuständen, die sich bei der stimulierten Streuung infolge der Konkurrenz verschiedener Schwingungstypen nicht herausbilden, kann die beschriebene Methode dahingehend modifiziert werden, daß man zur aktiven Raman-Streuung (siehe Abschnitt 5.3.) übergeht, in welcher ein Feld mit zwei Frequenzen die Anregung der vorgegebenen Schwingung gewährleistet.

Eine Reihe von effektiven Methoden der Picosekundenspektroskopie steht demzufolge zur Verfügung, mit der man sowohl die Geschwindigkeit wie auch die Kanäle der Relaxation der Schwingungsanregung und der Elektronenanregung in mehratomigen Molekülen untersuchen kann, was in der nahen Zukunft zum besseren Verständnis ihres Aufbaues führen sollte.

9. Literaturverzeichnis

[1] Fundamental and Applied Laser Physics, Proceedings of the Esfahan Symposium, Aug. 29—Sept. 5, 1971; Ed. by M. S. FELD, A. JAVAN, N. KURNIT, Wiley-Interscience Publ., 1973.
[2] Laser Spectroscopy, Proceedings of the First International Conference, Vail, Colorado, June 25—29, 1973; Ed. by R. BREWER and A. MOORADIAN, Plenum Press, N. Y., 1974.
[3] Méthodes de Spectroscopie sans largeur Doppler de niveaux excites de systemes moléculaires simples, Proceedings Colloques Internationaux du CNRS, Aussois, 23—26 Mai 1973, Editions du CNRS, N 217, 1974.
[4] В. С. ЛЕТОХОВ, В. П. ЧЕБОТАЕВ, Принципы нелинейной лазерной спектроскопии, Изд. Наука, М., 1975.
[5] M. S. FELD, V. S. LETOKHOV, Scientific American, **69**, Dec. 1973.
[6] W. M. FAIRBANK, jr., T. W. HÄNSCH, A. L. SCHAWLOW, J. Opt. Soc. Am., **65**, 199 (1975).
[7] L. B. KREUZER, C. K. N. PATEL, Science, **173**, 45 (1971).
[8] E. D. HINKLEY, P. L. KELLEY, Science, **171**, 635 (1971).
[9] R. V. AMBARTZUMIAN, V. S. LETOKHOV, Appl. Optics, **11**, 354 (1972).
[10] R. N. ZARE, P. J. DAGDIGIAN, Science, **185**, 739 (1974).
[11] C. BRADLEY MOORE, P. F. ZITTEL, Science, **182**, 541 (1973).
[12] P. M. RENTZEPIS, Science, **169**, 239 (1970).
[13] M. R. BOWMAN, A. J. GIBSON, M. C. W. SANDFORD, Nature, **221**, 456 (1969).
[14] H. MÖENKE, L. MÖENKE, Einführung in die Laser-Mikro-Emissionspektralanalyse, 2. Aufl., Leipzig, 1968.
[15] V. S. LETOKHOV, Science, **180**, 451 (1973).
[16] V. S. LETOKHOV, New possibilities for the spectroscopy inside the Doppler width in the optical and γ-ranges, p. 127 in [3].

[17] Б. И. Степанов, А. Н. Рубинов, УФН, **95**, 45 (1968).
[18] B. B. SNAVELY, Proceedings IEEE, **57**, 1374 (1969).
[19] F. P. SCHÄFER, Liquid lasers, in "Laser Handbook", ed. by F. T. ARECCHI, E. O. SCHULZ-DUBOIS, vol. 1, p. 369, North-Holland, 1972.
[20] Dye lasers, ed. by F. P. SCHÄFER, Springer-Verlag, 1973.
[21] C. V. SHANK, A. DIENES, A. M. TROZZOLO, J. A. MYER, Appl. Phys. Lett., **16**, 405 (1970).
[22] T. W. HÄNSCH, Appl. Optics, **11**, 895 (1972).
[23] Laser Specifications of "Molectron Corp.", DL-series dye lasers.
[24] O. G. PETERSON, S. A. TUCCIO, B. B. SNAVELY, Appl. Phys. Lett., **17**, 245 (1970).
[25] S. A. TUCCIO, K. H. DREXHAGE, G. A. REYNOLDS, Optics Comm., **7**, **248** (1973).
[26] M. HERCHER, K. A. PIKE, Optics Comm., **3**, 65 (1971).
[27] R. E. GROVE, F. Y. WU, L. A. HACKEL, D. G. YOUMANS, S. EZEKIEL, Appl. Phys. Lett., **23**, 442 (1973).
[28] Laser specifications of "Spectra-Physics", Model 370, Model 375 and Model 580; Laser Review of „Spectra-Physics", N 2 (1974).
[29] W. HARTIG, H. WALTHER, Appl. Phys., **1**, 171 (1973).
[30] W. H. GLENN, J. J. BRIENZA, A. J. DE MARIA, Appl. Phys. Lett., **12**, **54** (1968).
[31] D. J. BRADLEY, Opto-Electronics, **6**, 25 (1974).
[32] Laser specifications of "Electro-Photonics Ld.", Dye lasers, SUA 9—11 Series.
[33] L. F. MOLLENAUER, D. H. OLSON, Appl. Phys. Lett., **24**, 386 (1974).
[34] Н. Г. БАСОВ, УФН, **85**, 585 (1965).
[35] P. L. KELLEY, E. D. HINKLEY, Tunable semiconductor lasers and their spectroscopic uses, in [1], p. 723.
[36] J. A. ROSSI, S. R. CHINN, H. HECKSCHER, Appl. Phys. Lett., **23**, 25 (1973).
[37] A. MOORADIAN, High-Resolution Tunable Infrared Lasers, in [2], p. 223.
[38] V. N. BAGRATASHVILI, I. N. KNYAZEV, V. S. LETOKHOV Opt. Comm., **4**, 154 (1971).
[39] Н. Г. БАСОВ, Э. М. БЕЛЕНОВ, В. А. ДАНИЛЫЧЕВ, О. М. КЕРИМОВ, И. Б. КОВШ, А. Ф. СУЧКОВ, Письма в ЖЭТФ, **14**, 421 (1971).

[40] A. J. ALCOCK, K. LEOPOLD, M. C. RICHARDSON, Appl. Phys. Lett., 23, 562 (1973); J. S. LEVINE, A. JAVAN, Phys. Lett., 42 A, 173 (1972).

[41] А. В. Проворов, В. П. Чеботаев, ДАН СССР, 208, 2 (1973).

[42] V. N. BAGRATASHVILI, I. N. KNYAZEV, YU. A. KUDRUAVTSEV, V. S. LETOKHOV, Opt. Comm., 9, 135 (1973).

[43] С. А. Ахманов, А. И. Ковригин, А. С. Пискарскас, В. В. Фадеев, Р. В. Хохлов, Письма в ЖЭТФ, 2, 300 (1965).

[44] J. A. GIORDMAINE, R. C. MILLER, Phys. Rev. Letters, 14, 973 (1965).

[45] C. K. N. PATEL, E. D. SHAW, Phys. Rev. Letters, 24, 451 (1970).

[45a] S. S. SUSSMAN, B. C. JOHNSON, J. M. YARBOROUGH, H. E. PUTHOFF, R. H. PATEL, J. SooHoo, Symposium on Submillimeter Waves, Brooklyn, 1970; B. C. JOHNSON, H. E. PUTHOFF, J. SooHoo, S. S. Sussman, Appl. Phys. Lett. 18, 181 (1971).

[46] Laser specifications of "Chromatix", Optical Parametric Oscillator, Model 1020 and 1020-1.

[47] R. L. BYER, in "Treatise in Quantum Electronics", ed. by H. RABIN and C. L. TANG, Academic Press, 1973.

[48] J. PINARD, J. F. YOUNG, Opt. Comm., 4, 425 (1972).

[49] R. L. BYER, High Energy Widely Tunable Infrared Source, Project Technical Report N 1, 1973.

[50] A. LAUBEREAU, L. GREITER, W. KAISER, Appl. Phys. Lett., 25, 87 (1974).

[51] R. L. AGGARWAL, B. LAX, C. E. CHASE, C. R. PIDGEON, D. LIMPERT, F. BROWN, Appl. Phys. Lett., 18, 383 (1971).

[52] A. MOORADIAN, S. R. J. BRUECK, F. A. BLUM, Appl. Phys. Lett., 17, 481 (1970).

[53] C. K. N. PATEL, Appl. Phys. Lett., 19, 400 (1971).

[54] Laser Specifications of "Edinburgh Instruments Ld.", The Spin-flip Raman laser — a tunable source in the medium infra-red".

[55] B. LAX, R. L. AGGARWAL, Far Infrared Generation; in [2], p. 503.

[56] C. F. DEWEY, Jr., L. O. HOCKER, Appl. Phys. Lett., 18, 58 (1971).

[57] D. W. MELTZER, L. S. GOLDBERG, Opt. Comm., 5, 209 (1972).

[58] C. D. Decker, F. K. Tittel, Appl. Phys. Lett., **22**, 411 (1973).
[59] C. D. Decker, F. K. Tittel, Opt. Comm., **8**, 244 (1973).
[60] D. C. Hanna, V. V. Rampal, R. C. Smith, Opt. Comm., **8**, 151 (1973).
[61] P. Yang, J. Morris, P. L. Richard, Y. R. Shen, Appl. Phys. Lett. (im Druck).
[62] D. H. Auston, A. M. Glass, P. Le Fur, Appl. Phys. Lett., **23**, 47 (1973).
[63] F. B. Dunning, E. D. Stokes, R. K. Stebbings, Opt. Comm., **6**, 63 (1972).
[64] D. J. Bradley, J. V. Nickolas, J. R. D. Shaw, Appl. Phys. Lett., **19**, 172 (1971).
[65] J. F. Young, G. C. Bjorklund, A. H. Kung, R. B. Miles, S. E. Harris, Phys. Rev. Lett., **27**, 1551 (1971).
[66] Р. В. Амбарцумян, В. М. Апатин, В. С. Летохов, В. И. Мишин, Квантовая электроника, **2**, 337 (1975).
[67] В. С. Антонов, И. Н. Князев, В. С. Летохов, В. Г. Мовшев, Письма в ЖЭТФ, **17**, **545** (1973).
[68] R. S. Eng, A. R. Calawa, T. C. Harman, P. L. Kelley, A. Javan, Appl. Phys. Lett., **21**, 303 (1972).
[69] R. H. Dicke, Phys. Rev., **89**, 479 (1953).
[70] K. Shimoda, Appl. Phys., **1**, 77 (1973).
[71] G. Herzberg, Canad. Journ. of Research, **28**, A, 144 (1950).
[72] Л. А. Пахомычева, Э. А. Свириденков, А. Ф. Сучков, Л. В. Титова, С. С. Чурилов, Письма в ЖЭТФ, **12**, **60** (1970).
[73] Т. П. Беликова, Э. А. Свириденков, А. Ф. Сучков, Квантовая электроника, **I**, 830 (1974).
[74] N. C. Peterson, M. J. Kurylo, W. Braun, A. M. Bass, R. A. Keller, JOSA, **61**, 746 (1971).
[75] W. J. Childs, M. S. Fred, L. S. Goodman, Appl. Optics, **13**, 2297 (1974).
[76] T. W. Hänsch, A. L. Schawlow, P. E. Toschek, IEEE Journ. Quant. Electr., **QE—8**, 802 (1972).
[77] W. Brunner, H. Paul, Opt. Comm., **12**, 252 (1974).
[78] Т. П. Беликова, Э. А. Свириденков, А. Ф. Сучков, А. В. Титова, С. С. Чурилов, ЖЭТФ, **62**, 2060 (1972).
[79] Е. Н. Антонов, В. Г. Колошников, В. Р. Мироненко, Квантовая электроника, **2**, 171 (1975).

[80] J. A. Curcio, L. F. Drummeter, G. L. Knestrick, Appl. Optics, 3, 1401 (1964).

[81] A. G. Bell, Phil. Mag., 11, 510 (1881); J. Tyndall, Proc. Roy. Soc. (London) 31, 307 (1881); W. C. Röntgen, Phil. Mag., 11, 308 (1881).

[82] М. Л. Вейнгеров, ДАН СССР, 19, 687 (1938); Заводская лаборатория, 13, 426 (1947).

[83] L. B. Kreuzer, J. Appl. Phys., 42, 2934 (1971).

[84] C. K. N. Patel, Spin-Flip Raman Lasers, in [1], p. 689.

[85] А. С. Гоменюк, В. П. Жаров, Д. Д. Огурок, Е. А. Рябов, О. А. Туманов, В. О. Шайдуров, Квантовая электроника, I, 1805 (1974).

[86] Е. А. Рябов, Квантовая электроника, 2, 138 (1975).

[87] J. Kuhl, H. Spitschan, Opt. Comm., 7, 256 (1973).

[88] A. Schulz, H. W. Cruse, R. N. Zare, J. Chem. Phys., 57, 1354 (1972).

[89] H. W. Cruse, P. J. Dagdigian, R. N. Zare, Faraday Disc. Chem. Soc., 55, 277 (1973).

[90] E. L. Baardsen, R. W. Terhune, Appl. Phys. Lett., 21, 209 (1972).

[91] C. C. Wang, L. I. Davis, Appl. Phys. Lett., 25, 34 (1974).

[92] N. R. Berquist, Scand. J. Immunol., 2, 37 (1973).

[93] V. Weisskopf, Ann. der Phys., 9, 23 (1931).

[94] Л. Н. Добрецов, А. Н. Теренин, Naturwiss., 16, 656 (1928).

[95] K. W. Meissner, K. F. Luft, Ann. der Phys., 28, 657 (1937).

[96] W. E. Lamb, jr., R. C. Retherford, Phys. Rev., 72, 241 (1947); 79, 549 (1950); 81, 822 (1951); 85, 259 (1952).

[97] J. Brossel, F. Bitter, Phys. Rev., 86, 308 (1952).

[98] W. Hanle, Naturwiss., 11, 691 (1923); Zs. Phys., 30, 93 (1924).

[99] F. Colegrove et al., Phys. Rev. Lett., 3, 420 (1959).

[100] Е. Б. Александров, Оптика и спектроскопия, 17, 957 (1964).

[101] J. N. Dodd, R. D. Kaul, D. M. Warrington, Proc. Phys. Soc. (London), 84, 176 (1964).

[102] W. E. Lamb, jr., Phys. Rev., 134 A, 1429 (1964).

[103] Л. С. Василенко, В. П. Чеботаев, А. В. Шишаев, Письма в ЖЭТФ, 12, 161 (1970).

[104] В. С. Летохов, Письма в ЖЭТФ, 7, 348 (1968).

[105] R. Karplus, J. Schwinger, Phys. Rev., 73, 1020 (1948).

[106] Ч. Таунс, А. Шавлов, Радиоспектроскопия, ИИЛ, М. (1959).
[107] W. R. Bennett, jr., Phys. Rev., **126**, 580 (1962).
[108] A. Szöke, A. Javan, Phys. Rev. Lett., **10**, 521 (1963).
[109] R. A. McFarlane, W. R. Bennett, jr., W. E. Lamb, jr., Appl. Phys. Lett., **2**, 189 (1963).
[110] В. С. Летохов, Пислма в ЖЭТФ, **6**, 597 (1967).
[111] P. H. Lee, M. L. Skolnick, Appl. Phys. Lett., **10**, 303 (1967).
[112] В. Н. Лисицын, В. П. Чеботаев, ЖЭТФ, **54**, 419 (1968).
[113] R. L. Barger, J. L. Hall, Phys. Rev. Lett., **22**, 4 (1969).
[114] В. С. Летохов, В. П. Чеботаев, Письма в ЖЭТФ, **9**, 364 (1969).
[115] Н. Г. Басов, О. Н. Компанец, В. С. Летохов, В. В. Никитин, Письма в ЖЭТФ, **9**, 568 (1969).
[116] О. Н. Компанец, А. Р. Кукуджанов, В. С. Летохов, В. Г. Миногин, ЖЭТФ, **69**, 23 (1975).
[117] C. K. N. Patel, Appl. Phys. Lett., **25**, 112 (1974).
[118] N. G. Basov, V. S. Letokhov, Report at UBSI Conference on Laser Measurements (Warsaw, September, 1968); Electron. Technology, **2** (2/3), 15 (1969).
[119] C. Freed, A. Javan, Appl. Phys. Lett., **17**, 53 (1970).
[120] H. R. Schlossberg, A. Javan, Phys. Rev., **150**, 267 (1966); Phys. Rev. Lett., **17**, 1242 (1966).
[121] Г. Е. Ноткин, С. Г. Раутиан, А. А. Феоктистов, ЖЭТФ, **52**, 1673 (1967).
[122] H. K. Holt, Phys. Rev. Letters **20**, 410 (1968).
[123] M. S. Feld, Laser Saturation Spectroscopy in Coupled Doppler-Broadened Systems, in [1], p. 369.
[124] I. M. Beterov, V. P. Chebotaev, Three-level Gas Systems and Their Interaction with Radiation. Progress on Quantum Electronics, ed. by J. H. Sanders and S. Stenholm, v. 3, Pergamon Press, 1974.
[125] F. Biraben, B. Cagnac, G. Grynberg, Phys. Rev. Lett., **32**, 643 (1974).
[126] M. D. Levenson, N. Bloembergen, Phys. Rev. Lett., **32**, 645 (1974).
[127] T. W. Hänsch, K. Harvey, G. Meisel, A. L. Schawlow, Optics Comm., **11**, 50 (1974).
[128] E. V. Baklanov, V. P. Chebotaev, Opt. Comm., **12**, 312 (1974).

[129] J. L. HALL, C. BORDE, Phys. Rev. Lett., **30**, 1101 (1973).
[130] J. L. HALL, Sub Doppler Spectroscopy, Methane hyperfine spectroscopy, and the ultimate resolution limits, in [3], p. 105.
[131] H. DEHMELT, Abstract submitted for the New Haven Meeting of the DEAP Amer. Phys. Soc., Dec. 1973.
[132] H. DEHMELT, Abstract submitted for the Anaheim Meeting of the Amer. Phys. Soc., Jan.—Feb. 1975.
[133] T. W. HÄNSCH, I. S. SHAHIN, A. L. SCHAWLOW, Phys. Rev. Letters, **27**, 707 (1971).
[134] T. W. HÄNSCH, I. S. SHAHIN, A. L. SCHAWLOW, Nature, **235**, 63 (1972).
[135] С. Н. Багаев, Е. В. Бакланов, В. П. Чеботаев, Письма в ЖЭТФ, **16**, 15 (1972).
[136] A. T. MATTICK, A. SANCHEZ, N. A. KURNIT, A. JAVAN, Appl. Phys. Lett., **23**, 675 (1973).
[137] R. G. BREWER, M. J. KELLY, A. JAVAN, Phys. Rev. Lett., **23**, 559 (1969).
[138] R. G. BREWER, Phys. Rev. Lett., **25**, 1639 (1970).
[139] E. E. UZGIRIS, J. L. HALL, R. L. BARGER, Phys. Rev. Lett., **26**, 289 (1971).
[140] T. W. MEYER, J. F. BRILANDO, C. K. RHODES, Chem. Phys. Lett., **18**, 382 (1973).
[141] V. S. LETOKHOV, Phys. Lett., **41 A**, 333 (1972).
[142] T. W. HÄNSCH, Saturation Spectroscopy of Atoms, in [2], p. 353.
[143] В. С. ЛЕТОХОВ, В. П. ЧЕБОТАЕВ, Квантовая электроника, **1**, 245 (1974).
[144] A. JAVAN, Modern Methods in Precision Spectroscopy: A Decade of Development, in [1], p. 295.
[145] K. M. EVENSON, G. W. DAY, J. S. WELLS, L. O. MULLEN, Appl. Phys. Lett., **20**, 133 (1972).
[146] K. M. EVENSON, J. S. WELLS, F. P. PETERSON, B. L. DANIELSON, G. W. DAY, R. L. BARGER, J. L. HALL, Phys. Rev. Lett., **29**, 1346 (1972).
[147] CCDM/73—15, BIPM, 5 session, 1973.
[148] W. RADLOFF, E. BELOW, V. STERT, Opt. Comm., **13**, 160 (1975).
[149] М. М. Сущинский, Спектры комбинационного рассеяния молекул и кристаллов, Наука, М., 1969.
[150] M. C. TOBIN, Laser Raman Spectroscopy. Chemical Analysis, vol. 35, J. Wiley, New York, 1971.

[151] T. Gilson, Laser Raman Spectroscopy, J. Wiley, New York, 1970.
[152] A. Mooradian, Raman Spectroscopy of Solids, in "Laser Handbook", ed. by F. T. Arecchi, E. O. Schulz-Dubois, vol. 2, p. 1409, North-Holland Publ. Co., 1972.
[153] Я. С. Бобович, УФН, **108**, 401 (1972).
[154] G. Placzek, Handbuch der Radiologie, hrsg. v. E. Marx (Akademische Verlagsgesellschaft, Leipzig, 1934), Bd. VI, Teil 2, S. 205; Г. Плачек, Релеевское рассеяние и Раман-эффект, Харьков—Киев, ОНТИУ, 1935.
[155] R. Loudon, Adv. Phys., **13**, 423 (1964); **14**, 621 (1965).
[156] G. T. McNice. Appl. Optics, **11**, 699 (1972).
[157] G. E. Devlin, J. L. Davis, L. Chase, S. Geschwind, Appl. Phys. Lett., **19**, 138 (1971).
[158] Y. Kato, H. Takuma, Journ. Chem. Phys., **54**, 5398 (1971).
[159] П. П. Шорыгин, Успехи химии, **40**, 694 (1971).
[160] T. C. Damen, J. Shah, Phys. Rev. Lett., **27**, 1506 (1971).
[161] P. Y. Yu, Y. R. Shen, Phys. Rev. Lett., **29**, 468 (1972).
[162] Y. Petroff, P. Y. Yu, Y. R. Shen; Phys. Rev. Lett., **29**, 1558 (1972); P. Y. Yu, Y. R. Shen, Y. Petroff, L. M. Falicov, Phys. Rev. Lett., **30**, 283 (1973).
[163] S. R. J. Brueck, A. Mooradian, Phys. Rev. Lett., **28**, 161 (1972).
[164] W. R. L. Clements, B. P. Stoicheff, Journ. Molec. Spectr., **33**, 183 (1970).
[165] W. J. Jones, B. P. Stoicheff, Phys. Rev. Lett., **13**, 657 (1964).
[166] R. A. McLaren, B. P. Stoicheff, Appl. Phys. Lett., **16**, 140 (1970).
[167] R. R. Alfano, S. L. Shapiro, Chem. Phys. Lett., **8**, 631 (1971).
[168] W. Werncke, J. Klein, A. Lau, K. Lenz, G. Hunsalz, Optics Comm., **11**, 159 (1974).
[169] E. Garmire, E. Pandarese, C. H. Townes, Phys. Rev. Lett., **11**, 160 (1963).
[170] M. Schubert, B. Wilhelmi, Einführung in die Nichtlineare Optik, Teil 1, Leipzig, 1971; М. Шуберт, Б. Вильгельми, Введение в нелинейную оптику, Часть I, Изд. Мир, М., 1973.
[171] R. W. Terhune, P. D. Maker, Phys. Rev., **137**, A 801 (1965).

[172] J. A. GIORDMAINE, W. KAISER, Phys. Rev., **144**, 676 (1966).
[173] M. D. LEVENSON, C. FLYTZANIC. N. BLOEMBERGEN, Phys. Rev., **B 6**, 3962 (1972).
[174] J. J. WYNNE, Phys. Rev. Lett., **29**, 650 (1972).
[175] С. А. АХМАНОВ, В. Г. ДМИТРИЕВ, А. И. КОВРИГИН, Н. И. КОРОТЕЕВ, В. Г. ТУНКИН, А. И. ХОЛОДНЫХ, Письма в ЖЭТФ, **15**, 600 (1972).
[176] С. А. АХМАНОВ, Н. И. КОРОТЕЕВ, ЖЭТФ, **67**, 1306 (1974).
[177] R. F. BEGLEY, A. B. HARVEY, R. L. BYER, Appl. Phys. Lett., **25**, 387 (1974).
[178] М. А. Большов, И. Д. ГУДЗЕЕВ, А. В. ЗЫБИН, В. Г. Колошников, И. А. Майоров, В. В. НЕДЛЕР, С. Л. МАНДЕЛЬШТАМ, Е. Ф. ТИМОФЕЕВ, Л. Н. Филиппов, Журн. прикл. спектроскопии, **19**, 821 (1973).
[179] Р. В. АМБАРЦУМЯН, В. П. КАЛИНИН, В. С. ЛЕТОХОВ, Письма в ЖЭТФ, **13**, 305 (1971).
[180] HONG TUAN DUONG, P. JACQUINOT, S. LIBERMAN, J. PINARD, J.-L. VIALLE, Compt. Rend., **276**, Serie B, 909 (1973).
[181] S. A. TUCCIO, J. W. DUBRIN, O. C. PETERSON, B. J. SNAVELY, Report on VIII International Quantum Electronics Conference, San-Francisco, June 1974.
[182] Э. В. Шпольский, А. А. ИЛЬИНА, Л. А. КЛИМОВА, ДАН. СССР, **87**, 935 (1952); Э. В. Шпольский, УФН, **68**, 51 (1959).
[183] Р. И. ПЕРСОНОВ, Е. И. АЛЬШИЦ, Л. А. БЫКОВСКАЯ, Письма в ЖЭТФ, **15**, 609 (1972).
[184] С. В. АНДРЕЕВ, В. С. АНТОНОВ, И. Н. КНЯЗЕВ, В. С. ЛЕТОХОВ, В. Г. МОВШЕВ, Phys. Lett., **54 A**, 91 (1975).
[185] P. L. KAPITZA, in "The Science of Science", ed. by M. GOLDSMITH and A. MACKAY, Souvenir Press, 1966; П. Л. КАПИЦА, в сборнике „Наука о Науке", Прогресс, 1966.
[186] M. C. W. SANDFORD, A. J. GIBSON, Journ. Atm. Terr. Phys., **32**, 1423 (1970).
[187] D. A. LEONARD, Nature, **216**, 142 (1967).
[188] T. KOBAYASI, H. INABA, Appl. Phys. Lett., **17**, 139 (1970).
[189] T. HIRSCHFELD, E. R. SCHILDKRANT, H. TANNENBAUM, D. TANNENBAUM, Appl. Phys. Lett., **22**, 38 (1973).

[190] S. Zaromb, J. F. Avellanet, J. Kiwala, B. H. Radimir, Laser, 3, 21 (1971).
[191] K. W. Rothe, U. Brinkmann, H. Walther, Appl. Phys., 3, 115 (1974); Appl. Phys., 4, 181 (1974).
[192] W. Kaiser, C. G. B. Garrett, Phys. Rev. Lett., 7, 229 (1961).
[193] J. J. Hopfield, J. M. Worlock, K. Park, Phys. Rev. Lett., 14, 414 (1963).
[194] А. П. Александров, В. И. Бредихин, В. Н. Генкин, Письма в ЖЭТФ, 10, 185 (1969).
[195] J. M. Worlock, Two-Photon Spectroscopy, in "Laser Handbook", ed. by F. T. Arecchi and E. O. Schulz-Dubois, vol. 2., p. 1323, North-Holland Publ. Co., 1972.
[196] В. И. Бредихин, М. Д. Галанин, В. Н. Генкин, УФН, 110, 3 (1973).
[197] J. P. Hermann, J. Ducuing, Phys. Rev., A 5, 2557 (1972); В. Бруннер, Х. Дюрр, Э. Клозе, Х. Пауль, Квантовая электроника 2, 832 (1975).
[198] J. Kleinschmidt, W. Tottleben, S. Rentsch, Experimentelle Technik der Physik, XXII, Heft 3, 191 (1974).
[199] H. Figger, K. Siomos, H. Walther, Appl. Phys. (im Druck).
[200] D. J. Bradley, P. Ewart, J. V. Nicholas, J. R. D. Shaw, D. G. Thompson, Phys. Rev. Lett., 31, 263 (1973).
[201] D. J. Bradley, P. Ewart, J. V. Nicholas, J. R. D. Shaw, J. Phys. B: Atom. Molec. Phys., 6, 1594 (1973); in [2], p. 193.
[202] S. Svanberg, Spectroscopy of highly excited levels in alkali atoms using a CW tunable dye laser, in [2], p. 205. S. Svanberg, P. Tsekeris, W. Happer, Phys. Rev. Lett., 30, 817 (1973).
[203] Р. В. Амбарцумян, Г. И. Беков, В. С. Летохов, В. И. Мишин, письма в ЖЭТФ 21, 595 (1975).
[204] T. W. Ducas, M. G. Littman, R. R. Freeman, D. Kleppner, Phys. Rev. Lett., 35, 366 (1975).
[205] S. Haroche, J. A. Paisner, A. L. Schawlow, Phys. Rev. Lett., 30, 948 (1973).
[206] S. Haroche, J. A. Paisner, in [2] — Quantum Beat Spectroscopy using tunable pulsed dye lasers, p. 445.
[207] T. F. Gallagher, S. A. Edelstein, R. M. Hill, Phys. Rev. Lett., 35, 644 (1975).
[208] C. B. Moore, Advan. Chem. Phys., 23, 41 (1973).

[209] Р. В. Амбарцумян, В. М. Апатин, В. С. Летохов, Письма в ЖЭТФ, **15**, 336 (1972).

[210] S. R. Leone, C. B. Moore, Chem. Phys. Lett., **19**, 340 (1973).

[211] R. V. Ambartzumian, V. S. Letokhov, G. N. Makarov A. A. Puretzkii, Chem. Phys. Lett., **16**, 252 (1972).

[212] Р. В. Амбарцумян, В. С. Летохов, Г. Н. Макаров, А. А. Пурецкий, Письма в ЖЭТФ, **17**, 91 (1973), in [2]-Selective Two-Step Dissociation of Ammonia molecules, p. 611.

[213] Р. В. Амбарцумян, В. С. Летохов, Г. Н. Макаров, А. А. Пурецкий, ЖЭТФ, **68**, 1736 (1975).

[214] Р. В. Амбарцумян, В. С. Летохов, Е. А. Рябов, Н. В. Чекалин, Письма в ЖЭТФ, **20**, 597 (1974).

[215] Р. В. Амбарцумян, Ю. А. Горохов, В. С. Летохов, Г. Н. Макаров, Письма в ЖЭТФ, **21**, 375 (1975).

[216] Р. В. Амбарцумян, Ю. А. Горохов, В. С. Летохов, Г. Н. Макаров, Письма в ЖЭТФ, **22**, 96 (1975).

[217] В. С. Летохов, В. А. Семчишен, ДАН СССР, **222**, 1071 (1975); V. S. Letokhov, V. A. Semtshishen, Spectrosc. Letters, **8**, 263 (1975).

[218] A. J. DeMaria, D. A. Stetser, H. Heynau, Appl. Phys. Lett., **8**, 174 (1966).

[219] P. G. Kriukov, V. S. Letokhov, IEEE Journ. Quant. Electr., QE-**8**, 766 (1972).

[220] P. W. Swith, M. A. Duguay, E. P. Ippen, Mode-locking in Lasers, in "Progress in Quantum Electronics", ed. by J. H. Sanders and S. Stenholm, vol. 3, p. 107. Pergamon Press. Ltd., (1974).

[221] Е. К. Завойский, С. Д. Фанченко, Appl. Optics, **4**, 1155 (1965).

[222] E. I. Scarlet, J. Figueira, H. Mahr, Appl. Phys. Lett., **18**, 71 (1968).

[223] D. Ricard, W. H. Lowdermilk, J. Ducuing, Chem. Phys. Lett., **16**, 617 (1972).

[224] B. S. Neporent, V. B. Shilov, G. V. Lukomskii, A. G. Spiro, Chem. Phys. Lett., **27**, 425 (1974).

[225] B. S. Neporent, Pure and Appl. Chem., **37**, 111 (1974).

[226] P. M. Rentzepis, Chem. Phys. Lett., **2**, 117 (1968).

[227] G. Mayer, F. Gires, Compt. Rend., **258**, 2039 (1964).

[228] M. A. Duguay, J. W. Hansen, Appl. Phys. Lett., **15**, 192 (1969).

[229] M. A. Duguay, J. W. Hansen. Opt. Comm., **1**, 254 (1969).

[230] R. R. ALFANO, S. L. SHAPIRO, Opt. Comm., **6**, 98 (1972). G. MOUROU, M. M. MALLEY, Opt. Comm., **11**, 282 (1974).
[231] M. SEIBERT, R. R. ALFANO, S. L. SHAPIRO, Biochimica et Biophysica Acta, **292**, 493 (1973).
[232] D. J. BRADLEY, B. LIDDY, W. E. SLEAT, OPTICS Comm., **2**, 391 (1971). M. YA. SCHELEV, M. C. RICHARDSON, A. J. ALCOCK, Appl. Phys. Lett., **18**, 354 (1971).
[233] Н. А. БОРИСЕВИЧ, Возбужденные состояния сложных молекул в газовой фазе. Изд. ,,Наука и техника'', Минск, 1967.
[234] S. L. SHAPIRO, R. C. HYER, A. J. CAMPILLO, Phys. Rev. Lett., **33**, 513 (1974).
[235] D. VON DER LINDE, A. LAUBEREAU, W. KAISER, Phys. Rev. Lett., **26**, 594 (1971); **28**, 1162 (1971).
[236] В. КАЙЗЕР, Квантовая электроника, **1**, 2036 (1974).
[237] R. R. ALFANO, S. L. SHAPIRO, Phys. Rev. Lett., **26**, 1247 (1971).
[238] R. R. ALFANO, S. L. SHAPIRO, Phys. Rev. Lett., **29**, 1655 (1972).
[239] W. DEMTRÖDER, Fortschritte der chemischen Forschung, Bd. 17, Laser Spectroscopy, Springer-Verlag, Belin, Heidelberg, New York 1973.
[240] Laserspectroscopy, Megéve-Conference. Ed. by S. HAROCHE et al., Springer-Verlag, Berlin, Heidelberg, New York 1975.
[241] Topics in Applied Physics, vol. 2, Laser Spectroscopy of Atoms and Molecules. Ed. by H. WALTHER, Springer-Verlag, Berlin, Heidelberg, New York 1975.
[242] Topics in Applied Physics, vol. 13, High-Resolution Laser Spectroscopy. Ed. by K. SHIMODA, Springer-Verlag, Berlin, Heidelberg, New York 1976.
[243] V. S. LETOKHOV, V. P. CHEBOTAYEV, Optical Sciences, vol. 4, Nonlinear Laser Spectroscopy, Springer-Verlag, Berlin, Heidelberg, New York 1977.

10. Sachverzeichnis

Der Autor

- gibt eine Einführung in die Laserspektroskopie
- behandelt in anschaulicher Weise die verschiedensten Richtungen der Laserspektroskopie
- verarbeitet in umfangreichem Maße experimentelle Daten
- wendet sich in verständlicher Form an Physiker, Chemiker, Biologen und Ingenieure, die die Spektroskopie als Methode in Forschung und Technik benutzen

WISSENSCHAFTLICHE TASCHENBÜCHER

FSC
www.fsc.org
MIX
Papier | Fördert gute Waldnutzung
FSC® C083411

Zeitfracht Medien GmbH
Ferdinand-Jühlke-Straße 7
99095 Erfurt, Deutschland
produktsicherheit@kolibri360.de